应用型本科系列规划教材

程序设计基础

（C语言）

主　编　杨俊清
副主编　张少应
编　者　杨俊清　张少应　程传旭
陈庆荣　曹敬馨

西北工業大學出版社
西　安

【内容简介】 本书将C语言的理论知识与实际应用相结合，简明系统地介绍了C语言的基本语法、基础应用及使用C语言解决实际问题的方法，在C语言教学上具有明显优势，其基本方法是结合计算机等级考试相关考点与计算机相关应用，将C语言相关知识点及分析问题、解决问题的方法进行系统分类讲解，通过相关应用理解C语言原理并掌握方法。

本书在Visual C++ 2010 Express开发环境的使用及C语言基本编程规范培训的基础上，介绍了C语言的相关知识点，并通过每个知识点后的实例讲解，使得学习入门的难度大大降低。

本书可以作为高等院校C语言课程教材，也可以作为非计算机专业学生参加全国计算机等级考试(二级C语言)的指导用书。

图书在版编目(CIP)数据

程序设计基础/杨俊清主编. —西安：西北工业大学出版社，2020.5 (2021.重印)

ISBN 978-7-5612-7071-4

Ⅰ.①程… Ⅱ.①杨… Ⅲ.①C语言-程序设计-高等学校-教材 Ⅳ.①TP312.8

中国版本图书馆CIP数据核字(2020)第065409号

CHENGXU SHEJI JICHU(C YUYAN)

程序设计基础(C语言)

责任编辑： 李阿盟 王 尧　　**策划编辑：** 蒋民昌
责任校对： 陈 瑶　　**装帧设计：** 董晓伟
出版发行： 西北工业大学出版社
通信地址： 西安市友谊西路127号　　邮编：710072
电　　话： (029)88491757，88493844
网　　址： www.nwpup.com
印 刷 者： 兴平市博闻印务有限公司
开　　本： 787 mm×1 092 mm　　1/16
印　　张： 15.75
字　　数： 413千字
版　　次： 2020年5月第1版　　2021年1月第2次印刷
定　　价： 50.00元

前　言

为进一步深化应用型本科高等教育的教学水平，促进应用型人才的培养工作，提升学生的实践能力和创新能力，提高应用型本科教材的建设和管理水平，西安航空学院与国内其他高校、科研院所、企业进行深入探讨和研究，编写了“应用型本科系列规划教材”用书，包括《程序设计基础》(C语言)等，共计30种。本系列教材的出版，将对基于生产实际，符合市场人才的培养工作具有积极的促进作用。

程序设计基础(C语言)课程是计算机相关专业的一门必修课。C语言因其算法简洁、数据类型丰富、运算表达能力较强、使用灵活等特点，既可用于编写应用程序，又可用于编写系统程序，是一种理想的结构化程序设计语言，成为众多程序设计类基础课程的入门语言。本书侧重于实际应用，将C语言的理论知识与实际应用相结合，编写时按照内容知识点结合案例教学的模式组织教材。书中给出大量的实际应用案例或全国计算机等级考试例题及实例讲解，使读者学会使用C语言作为解决问题的工具，注重培养实际编程思想和职业素养。

全书共分11章：第1章介绍C语言程序的结构；第2章介绍C语言的数据类型及其运算；第3章介绍C语言顺序结构程序设计；第4章介绍C语言选择结构程序设计；第5章介绍C语言循环结构程序设计；第6章介绍数组相关内容；第7章介绍函数相关内容；第8章介绍指针相关内容；第9章介绍结构体与共用体；第10章介绍文件相关内容；第11章介绍位运算相关内容。本书每章之后均给出了各种类型的习题，供读者学习使用。

本书是笔者在多年从事C语言程序设计教学实践的基础上编写的，注重将C语言知识和实用实例结合，由浅入深、结构清晰、知识点讲解全面，主要有以下特点。

(1)从实际问题解决方法和解决思路的角度阐述C语言的基本概念和语法规则。

(2)在内容的组织形式上，注重培养和锻炼读者分析问题、解决问题、将理论知识融入实际问题的解决能力。

(3)通过课程例题的讲解，注重提高读者的编程能力和职业素养。

本书由西安航空学院计算机学院杨俊清担任主编，张少应担任副主编。各章编写分工如下：程传旭编写第1章、第5章和第6章；陈庆荣编写第2章、第8章和第11章；杨俊清编写第

3 章;曹敬馨编写第 4 章;张少应编写第 7 章、第 9 章和第 10 章。程传旭整理本书附录部分。由杨俊清负责全书的统稿和总纂。

此外,在本书编写过程中,参阅了相关文献资料,得到了西安丝路软件有限公司、西安尚观锦程网络科技有限公司的帮助,在此一并表示感谢。

由于笔者水平有限,书中不妥之处在所难免,敬请读者指正。

编　者

2019 年 12 月

目　录

第1章 概　　述

问题引入

（1）我们知道计算机的应用已涉及人们生活和工作的方方面面，能处理的信息几乎无所不包。例如教学管理系统、人工智能等。那么，在计算机中如何设计、组织、存储和处理这些信息并最终使其帮助我们解决问题呢？

（2）C语言是广泛流行的计算机高级语言，它适宜作为系统描述语言。本章将通过简单的C程序运行实例分析，从整体把握和了解C程序的基本结构、开发调试过程，对C程序开发设计有较深入的感性认识，强化对计算机语言和程序设计的理解，为进一步学习程序设计打下基础。

知识要点

（1）程序设计语言的发展。

（2）计算机程序概述。

（3）C程序的运行。

（4）Visual C＋＋ 2010 Express运行环境。

1.1　C语言概述

为什么每个程序员都应该学习C语言？每个程序员在他们的编程生涯中都应该学习C语言，因为C语言对编程初学者有很多好处。不仅能为学习者提供更多的工作机会，还能教授其更多关于计算机的知识。

相比其他的编程语言（如C＋＋、Java等），C语言是个低级语言。从总体上来说，低级的编程语言可以让人们更好地了解计算机。

要实现相同的功能，C语言的程序相比其他编程语言编写的程序，代码行数更少，运行效率更高。当所编写的程序对速度要求较高时，程序开发人员一般都选择C语言来完成。C语言是唯一一个阐述指针本质的语言。在C＃和Java语言中干脆跳过了指针这部分内容。指针能使C语言变得更加强大。

C语言是其他语言（如C＋＋）以及更高级语言的基础语言。如果C语言学不好，C＋＋难精通;C/C++学不好,Java、PHP、JS同样难精通。

因此,想要进入编程行业的高手级别,必须学习C语言,并且要精通C语言。它是所有大学理工科学生必学的科目,也是未来科技中的核心编程语言。

1.2 计算机程序概述

1.2.1 计算机语言

语言是人们交流思想的工具。人类在长期的历史发展过程中,一方面,为了交流思想、表达感情和交换信息,逐步形成了语言。这类语言(如汉语和英语)通常称为自然语言。另一方面,人们为了某种专门用途,创造出种种不同的语言,这类语言通常称为人工语言。专门用于计算机的各种人工语言称为程序设计语言(program language)。程序是给出解决特定问题方案的过程,是软件构造活动中的重要组成部分。程序设计往往以某种设计语言为工具,给出这种语言下的程序。程序设计过程应当包括分析、设计、编码、测试、排错等不同阶段。专业的程序设计人员常被称为程序员。

程序设计语言按照语言级别可以分为低级语言和高级语言。低级语言有机器语言和汇编语言。低级语言与特定的机器有关,其功效高,但使用复杂、烦琐、费时、易出差错。机器语言是表示成数码形式的机器基本指令集;汇编语言是机器语言中部分符号化的结果。高级语言的表示方法要比低级语言更接近于待解决问题的表示方法,其特点是在一定程度上与具体机器无关,易学、易用、易维护。

计算机做的每一次动作、每一个步骤都是按照已经编好的程序来执行的,而程序需要用人们能掌握的语言来编写,于是出现了程序设计语言。计算机程序设计语言的发展,经历了从机器语言、汇编语言到高级语言的历程。

1. 机器语言

机器语言是第一代计算机语言。电子计算机所使用的是由“0”和“1”组成的二进制数,二进制是计算机语言的基础。计算机发明之初,人们只能用计算机的语言去命令计算机工作,也就是写出一串串由“0”和“1”组成的指令序列交由计算机执行,这种语言就是机器语言。

这个时期编写程序是一件十分烦琐的工作,特别是当在程序有错需要修改时更为困难,而且编出的程序不便于记忆、阅读和书写,还容易出错。由于每台计算机的指令系统往往各不相同,所以,在一台计算机上执行的程序,要想在另一台计算机上执行,必须另外编写程序,可移植性较差,造成了重复工作。但由于使用的是针对特定型号计算机的语言,故而运算效率是所有语言中最高的。

2. 汇编语言

为了克服机器语言难读、难编、难记和易出错的缺点,人们用与代码指令实际含义相近的英文缩写词、字母和数字等符号取代指令代码,例如,用ADD代表加法,用MOV代表数据传递等,这样,人们能较容易读懂并理解程序,使得纠错及维护变得方便了,这种程序设计语言称为汇编语言,即第二代计算机语言。然而计算机是不认识这些符号的,这就需要一个专门的程序负责将这些符号翻译成二进制数的机器语言，这种翻译程序称为汇编程序。

汇编语言仍然是面向机器的语言，使用起来还是比较烦琐，通用性也差。汇编语言是低级语言，但是，用汇编语言编写的程序，其目标程序占用内存空间少，运行速度快，有着高级语言不可替代的用途。

3. 高级语言

不论是机器语言还是汇编语言都是面向硬件具体操作的，语言对机器的过分依赖，要求使用者必须对硬件结构及其工作原理都十分熟悉，这对非计算机专业人员来说是难以做到的，对于计算机的推广应用也不利。计算机事业的发展促使人们寻求一些与人类自然语言相接近且能为计算机所接受，通用易学的计算机语言。这种与自然语言相近并被计算机接受和执行的计算机语言称为高级语言。高级语言是面向用户的语言，无论何种机型的计算机只要配备上相应的高级语言的编译或解释程序，则用该高级语言编写的程序就可以运行。

1954年，第一个完全脱离机器硬件的高级语言FORTRAN问世了，此后的40多年来，共有数百种高级语言出现，有重要意义的有数十种，影响较大、使用较普遍的有ALGOL，COBOL，BASIC，LISP，Pascal，C，PROLOG，Ada，C++，VC，VB，Delphi和Java等。

高级语言的出现使得计算机程序设计语言不再过度地依赖某种特定的机器或环境。这是因为高级语言在不同的平台上会被编译成机器语言，而不是直接被机器执行。计算机并不能直接地接受和执行用高级语言编写的源程序，源程序在输入计算机时，通过“翻译程序”翻译成机器语言形式的目标程序，计算机才能识别和执行。这种“翻译”通常有两种方式，即编译方式和解释方式。

(1)编译方式是指在源程序执行之前，就将程序源代码“翻译”成目标代码(机器语言)，因此其目标程序可以脱离其语言环境而独立执行，使用比较方便、效率较高。但应用程序一旦需要修改，必须先修改源代码，再重新编译生成新的目标文件(*.obj)形式才能执行。

(2)解释方式是指应用程序源代码一边由相应语言的解释器“翻译”成目标代码(机器语言)，一边执行，因此效率比较低，而且不能生成独立的可执行文件，应用程序不能脱离其解释器，但这种方式比较灵活，可以动态地调整、修改应用程序。

高级语言的发展经历了从早期语言到结构化程序设计语言，从面向过程到非过程化程序语言的过程。

4. 面向对象语言

20世纪80年代初，在软件设计思想上，产生了一次革命，其成果就是面向对象的程序设计。在此之前的高级语言，几乎都是面向过程的，程序的执行像流水线似的，在一个模块被执行完成前，不能干别的事，也无法动态地改变程序的执行方向。这和人们日常处理事物的方式是不一致的，对人而言是希望发生一件事就处理一件事，也就是说，不能面向过程，而应是面向具体的应用功能，也就是对象(object)。

面向对象程序设计(object oriented programming)语言与以往各种编程语言的根本区别是程序设计思维方法不同，面向对象程序设计可以更直接地描述客观世界存在的事物(即对象)及事物之间的相互关系。面向对象技术强调的基本原则是直接面对客观事物本身进行抽象并在此基础上进行软件开发，将人类的思维方式与表达方式直接应用在软件设计中。

1.2.2 C语言

C语言是在20世纪70年代初问世的。1978年由美国电话电报公司(AT&T)贝尔实验室正式发布了C语言。同时由B. W. Kernighan和D. M. Ritchit合著的*THE C PROGRAMMING LANGUAGE*一书出版,通常简称为“K&R”,也有人称之为“K&R”标准。但是,在“K&R”中并没有定义一个完整的标准C语言,后来由美国国家标准协会在此基础上制定了一个C语言标准,于1983年发布,通常称之为ANSI C。

早期的C语言主要用于UNIX系统。由于C语言的强大功能和各方面的优点逐渐为人们认识,到了20世纪80年代,C语言开始进入其他操作系统,并很快在各类大、中、小和微型计算机上得到了广泛的使用,成为当代最优秀的程序设计语言之一。

在C语言的基础上,1983年又由贝尔实验室的Bjarne Strou-strup推出了C++语言。C++进一步扩充和完善了C语言,成为一种面向对象的程序设计语言。C++目前流行的最新版本是Borland C++、Symantec C++和Microsoft Visual C++。

C++提出了一些更为深入的概念,它所支持的这些面向对象的概念容易将问题空间直接地映射到程序空间,为程序员提供了一种与传统结构程序设计不同的思维方式和编程方法,因而也增加了整个语言的复杂性,掌握起来有一定难度。

C语言是C++的基础,C++和C语言在很多方面是兼容的。因此,掌握了C语言,进一步学习C++就能以一种熟悉的语法来学习面向对象的语言,从而达到事半功倍的效果。

1.3 C语言的特点

C语言主要有以下几个特点:

(1)C语言简洁、紧凑,使用方便、灵活。

(2)C语言拥有丰富的数据类型。C语言具有整型、实型、字符型、数组类型、指针类型、结构体类型、共用体类型等数据类型,能方便地构造更加复杂的数据结构(如:使用指针构造链表、树、栈)。

(3)C语言的运算符丰富、功能更强大。C语言运算符主要包含算术运算符(+、-、*、/、%),关系运算符(＞、＞=、＜、＜=、!=、==),赋值运算符(=),位运算符[按位取反运算符(~)、左移运算符(＜＜)、右移运算符(＞＞),按位与运算符(&),按位异或运算符(^),按位或运算符(|)]等运算符,还具有复合的赋值运算符“+[-、*、/、%]=”(加后赋值、减后赋值、乘后赋值、除后赋值、取模后赋值),“＞＞=”“＜＜=”(右移后赋值、左移后赋值),“&[^、|]=”(与后赋值、或后赋值、非后赋值),条件运算符“?:”等运算符(详见附录B)。灵活使用各种运算符可以实现在其他高级语言中难以实现的运算。

(4)C语言是结构化的程序设计语言。C语言具有结构化的控制语句(if/else,switch/case,for,while,do…while),函数是C语言程序的模块单位。

(5)C语言对语法限制不严格,程序设计灵活。C语言不检查数组下标越界,C语言不限制对各种数据转化(编译系统可能对不合适的转化进行警告,但不限制),不限制指针的使用,程序正确性由程序员保证。

在实践中,C语言程序编译时会提示:“警告错误”“严重错误”。警告错误表示使用的语法可能有问题,但是有时可以忽略,程序仍然可以完成编译工作,然后运行。(但是一般情况下警告错,往往意味着程序真的有问题,应该认真地检查。)“严重错误”是不能忽略的,编译系统发现严重错误,就不会生成目标代码。

灵活性和安全性很难兼顾,对语法限制的不严格可能也是C语言的一个缺点,比如:黑客可能使用越界的数组攻击用户的计算机系统。

(6)C语言编写的程序具有良好的可移植性。编制的程序基本上不需要修改或只需要少量修改就可以移植到其他的计算机系统或其他的操作系统。

(7)C语言可以实现汇编语言的大部分功能。C语言可以直接操作计算机硬件如寄存器、各种外设I/O端口等。C语言的指针可以直接访问内存物理地址。C语言类似汇编语言的位操作可以方便地检查系统硬件的状态,C语言适合编写系统软件。

(8)C语言编译后生成的目标代码小,质量高,程序的执行效率高。

(9)C语言字符集由字母,数字,空格,标点和特殊字符组成。在字符常量,字符串常量和注释中还可以使用汉字或其他可表示的图形符号。

1.4　运行一个简单C语言程序

1.4.1　认识C语言程序

1. 一般程序设计的步骤

(1)分析问题。对于接受的任务要进行认真的分析,研究所给定的条件,分析最后应达到的目标,找出解决问题的规律,选择解题的方法,完成实际问题。

(2)设计算法。设计出解题的方法和具体步骤。

(3)编写程序。将算法翻译成计算机程序设计语言,对源程序进行编辑、编译和链接。

(4)运行程序,分析结果。运行可执行程序,得到运行结果。能得到运行结果并不意味着程序正确,要对结果进行分析,看它是否合理。不合理就要对程序进行调试,即通过上机发现和排除程序中的故障的过程。

(5)编写程序文档。许多程序是提供给别人使用的,如同正式的产品应当提供产品说明书一样,止式提供给用户使用的程序,必须向用户提供程序说明书。说明书内容应包括:程序名称、程序功能、运行环境、程序的装入和启动、需要输入的数据以及使用注意事项等。

2. C语言程序的编写步骤

由C语言编写的程序称为源程序。CPU只能直接理解机器语言,不能直接理解源程序,高级语言编写的源程序必须经编译或解释加工以后才能被计算机理解。把源程序“翻译”为机器语言的过程称为“编译(compile)”,使用称为“编译程序(compiler)”的程序完成编译任务。编译程序把程序员编写的类自然语言的源程序文件翻译为机器指令,并以目标文件(*.obj)的形式存放在磁盘上。目标文件不能装入内存运行,还必须在使用“连接程序(如Link.exe)”连接为可执行程序文件(*.exe)后才能被执行。C语言编程步骤如图1-1所示。

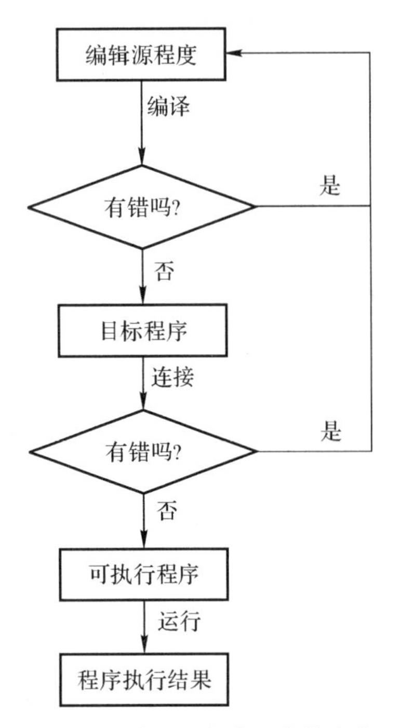

图 1－1　编写C语言程序的步骤

3.C语言程序的运行

为了说明C语言源程序结构的特点,先看以下两个程序例子。从这些例子中可以了解到组成一个C语言源程序的基本部分和书写格式。

例 1.1　实现输出"中国,您好!"。

```
int main()
{
   printf("中国,您好！\n");
   return 0;
}
```

程序执行结果:

```
中国,您好!
```

程序说明:

(1)main是主函数的函数名,表示这是一个主函数。

(2)每一个C语言源程序都必须有且只能有一个主函数(main函数)。

(3)printf函数是一个由系统定义的标准函数,可在程序中直接调用,功能是把要输出的内容送到显示器去显示。

例 1.2　程序输入输出显示。

```
#include<math.h>
#include<stdio.h>
int main()
{
```

```
    double x,s;
    printf("input number:\n");
    scanf("%lf",&x);
    s=sin(x);
    printf("sin of %lf is %lf\n",x,s);
    return 0;
  }
```

程序执行结果：

```
input number:
45
sin of 45.000000 is 0.850904
```

程序说明：

(1)include 称为文件包含命令，扩展名为.h 的文件称为头文件。

(2)定义两个实数变量 x 和 s，以备后面程序使用。

(3)从键盘获得一个实数 x，求 x 的正弦，并把它赋给变量 s。

(4)显示程序运算结果，main 函数结束。

程序的功能是从键盘输入一个数 x，求 x 的正弦值，然后输出结果。在 main()之前的两行程序称为预处理命令。预处理命令还有其他几种。

这里的 include 称为文件包含命令，其意义是把<>或""内指定的文件包含到本程序来，成为本程序的一部分。被包含的文件通常是由系统提供的，其扩展名为.h。因此也称为头文件或首部文件。C 语言的头文件中包括了各个标准库函数的函数原型。因此，凡是在程序中调用一个库函数，都必须包含该函数原型所在的头文件。

在例 1.2 中，使用了三个库函数：输入函数 scanf、正弦函数 sin 和输出函数 printf。sin 函数是数学函数，其头文件为 math.h 文件，因此在程序的主函数前用 include 命令包含了 math.h。scanf 和 printf 是标准输入输出函数，其头文件为 stdio.h，在主函数前也用 include 命令包含了 stdio.h 文件。

需要说明的是，C 语言规定对 scanf 和 printf 这两个函数可以省去对其头文件的包含命令，所以在例 1.2 中可以删去第二行的包含命令 #include<stdio.h>。同样，在例 1.1 中使用了 printf 函数，也可以省略包含命令。在例题中的主函数体中又分为两部分，一部分为说明部分，另一部分为执行部分。例题 1.1 中未使用任何变量，因此无说明部分。

C 语言还规定，源程序中所有用到的变量都必须先说明，后使用，否则将会出错。说明部分是 C 语言源程序结构中很重要的组成部分。例 1.2 中使用了两个变量 x 和 s 用来表示输入的自变量和 sin 函数值。由于 sin 函数要求这两个量必须是双精度浮点型，故用类型说明符 double 来说明这两个变量。

说明部分后的四行为执行部分或称为执行语句部分，用以完成程序的功能。执行部分的第一行是输出语句，调用 printf 函数在显示器上输出提示字符串，操作人员输入自变量 x 的值。第二行为输入语句，调用 scanf 函数，接受键盘上输入的数并存入变量 x 中。第三行是调用 sin 函数并把函数值送到变量 s 中。第四行是用 printf 函数输出变量 s 的值，即 x 的正弦值，程序结束。

在运行例1.2程序时，首先在显示器屏幕上给出提示串input number，这是由执行部分的第一行完成的。用户在提示下从键盘上键入某一数，如5，按下回车键，接着会在屏幕上给出计算结果。

1.4.2 C语言程序结构

1. C语言程序由函数构成

C语言是函数式的语言，函数是C语言程序的基本单位。

(1)一个C语言源程序可以由一个或多个源文件组成。可以只包含一个main函数，也可以包含一个main函数和若干个其他函数。

(2)一个源程序不论由多少个文件组成，都有一个且只能有一个main函数，即主函数。

源程序中可以有预处理命令(include命令仅为其中的一种)。预处理命令通常应放在源文件或源程序的最前面。

(3)每一个语句都必须以分号结尾，但预处理命令、函数头和"}"之后不能加分号。

(4)被调用的函数可以是系统提供的库函数，也可以是用户根据需要自己编写设计的函数。C语言是函数式的语言，程序的全部工作都是由各个函数完成的。编写C语言程序就是编写一个个函数。C函数库非常丰富，ANSI C提供了100多个库函数，Turbo C提供了300多个库函数。

2. main函数(主函数)是每个程序执行的起始点

一个C语言程序总是从main函数开始执行，而不论main函数在程序中的位置。

3. 一个函数由函数首部和函数体两部分组成

(1)函数首部：函数的第1行，包括函数名、函数类型、函数属性、函数参数(形式参数)名和参数类型。

例如，自定义函数int max(int x,int y)的首部为

int	max	(int	x,	int	y)
函数类型	函数名	函数参数类型	函数参数名	函数参数类型	函数参数名

注意：函数可以没有参数，但是后面的一对()不能省略，这是C语言格式的规定。

(2)函数体：函数首部下用一对{}括起来的部分。如果函数体内有多个{}，最外层是函数体的范围。函数体一般包括声明部分、执行部分两部分：

```
{
  [声明部分]:在这部分定义本函数所使用的变量。
  [执行部分]:由若干条语句组成命令序列(可以在其中调用其他函数)。
}
```

4. C语言本身不提供输入/输出语句，输入/输出的操作通过调用库函数(scanf，printf)完成

scanf和printf这两个函数分别称为格式输入函数和格式输出函数。其意义是按指定的格式输入/输出相关数值。因此，这两个函数在括号中的参数表都由以下两部分组成：

"格式控制串"，参数表

格式控制串是一个字符串，必须用双引号括起来，它表示了输入/输出量的数据类型。各

种类型的格式表示法将在第2章进行说明。在printf函数中还可以在格式控制串内出现非格式控制字符，这时在显示屏幕上将显示原文。参数表中给出了输入或输出的量。当有多个量时，用逗号间隔。例如：

```
printf("sine of %lf is %lf\n",x,s);
```

其中，%lf为格式字符，表示按双精度浮点数处理。它在格式串中两次出现，对应了x和s两个变量。其余字符为非格式字符则照原样输出在屏幕上。

不同的计算机系统除了提供函数库中的标准函数外，还按照硬件的情况提供一些专门的函数。因此不同计算机系统提供的函数数量、功能会有一定的差异。

1.5 Visual C++ 2010 Express的使用

本书所有C程序的开发环境为Visual C++ 2010 Express。

1. Visual C++ 2010 Express简介

Visual C++ 2010 Express是微软为个人用户设计的用于VC开发的免费版本，同Visual C++6.0相比，其界面被重新设计和组织，项目管理更加简单明了。

Visual C++ 2010 Express目前有以下主要版本：

(1)专业版(Professional)：面向个人用户，提供集成开发环境、开发平台支持测试工具等，是商业版本。

(2)高级版(Premium)：创建可扩展、高质量程序的完整工具包，增加了数据库开发、Team Foundation Server(TFS)、调试与诊断、MSDN订阅、程序生命周期管理(ALM)，是商业版本。

(3)旗舰版(Ultimate)：面向开发团队的综合性ALM工具，增加了架构与建模、实验室管理等，是商业版本。

(4)学习版(Express)：是一个免费工具集成开发环境。

使用注意事项：

Visual C++ 2010 Express中不能单独编译一个.cpp或一个.c文件，这些文件必须依赖于某个项目。

在计算机等级考试中，当使用Visual C++ 2010 Express进行二级C语言程序改错和编程时，需要使用Visual C++ 2010 Express打开考生文件夹中project1下的解决方案(以“程序填空题”为例)，此方案的项目中包含一个源程序文件blank1.c，在该解决方案中，考生找到该文件后，可以完成程序填空题。在等级考试中，源程序必须在解决方案中打开。

2. Visual C++ 2010 Express的安装与使用

在成功安装Visual C++ 2010 Express后，需要在微软的官方网站进行免费注册，查看软件是否完成注册信息的方法如下：

选择菜单“帮助”，点击“注册产品”子菜单项，弹出一个子窗口，在该窗口可以查看到该软件的注册情况(见图1-2)。打开Visual C++ 2010 Express(简称VC++2010学习版)的操作界面，如图1-3所示。

图 1－2　VC＋＋ 2010 学习版成功注册操作界面

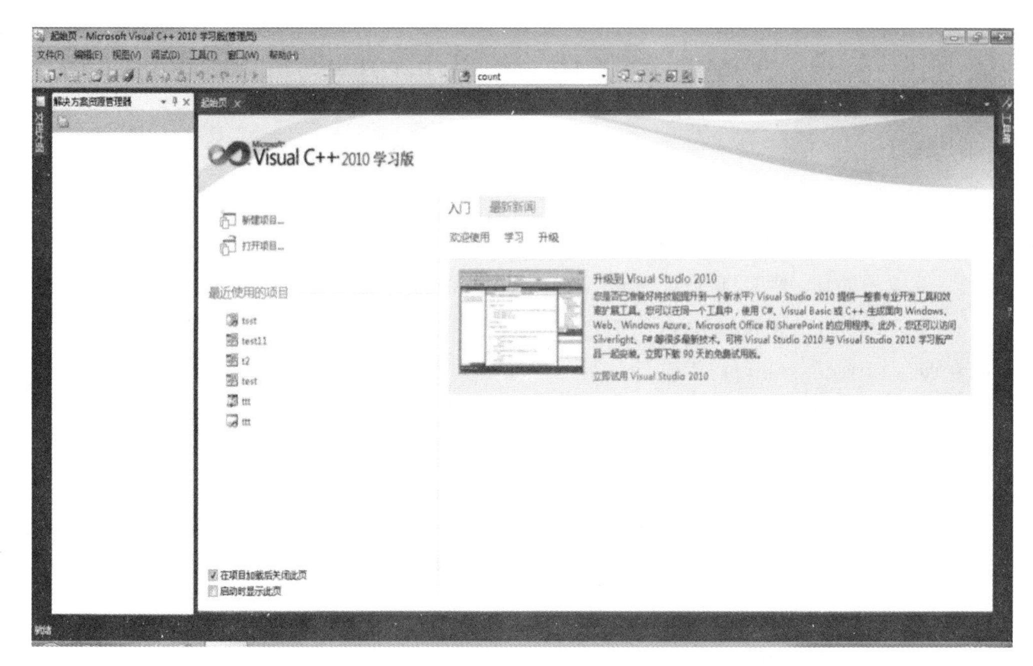

图 1－3　VC＋＋2010 学习版操作界面

在图 1－3 中,包含了“解决方案资源管理器”“起始页”“文档大纲”和“工具箱”子窗口。

“解决方案资源管理器”是集成开发环境(IDE)中包含用户的解决方案的区域,可帮助用户管理项目文件。文件显示在一个分层视图中,与 Windows 资源管理器十分相像。默认情况下,“解决方案资源管理器”位于 IDE 的右侧。

使用 VC＋＋2010 学习版编写、编译 C 语言程序的操作步骤如下。

(1)在如图 1－4 所示操作界面,选择“Win32 控制台应用程序”,输入“工程名”,点击“浏览”按钮,设置好工程存放的位置后,点击“确定”按钮,进入如图 1－5 所示的操作界面。

(2)点击“下一步”进入如图 1－6 所示操作界面。

(3)在如图 1－6 所示操作界面中,在“附加选项”中选择“空项目”后,点击“完成”按钮,在“解决方案资源管理器”中就可以查看到该项目的相关信息(见图 1－7)。

(4)在如图 1－7 所示操作界面中,用户可以添加“头文件”“源文件”或“资源文件”。选中“源文件”菜单项,鼠标右键在弹出菜单项中,依次选中“添加”“新建项”后,弹出如图 1－8 所示操作界面。

图1-4　“新建项目”操作界面

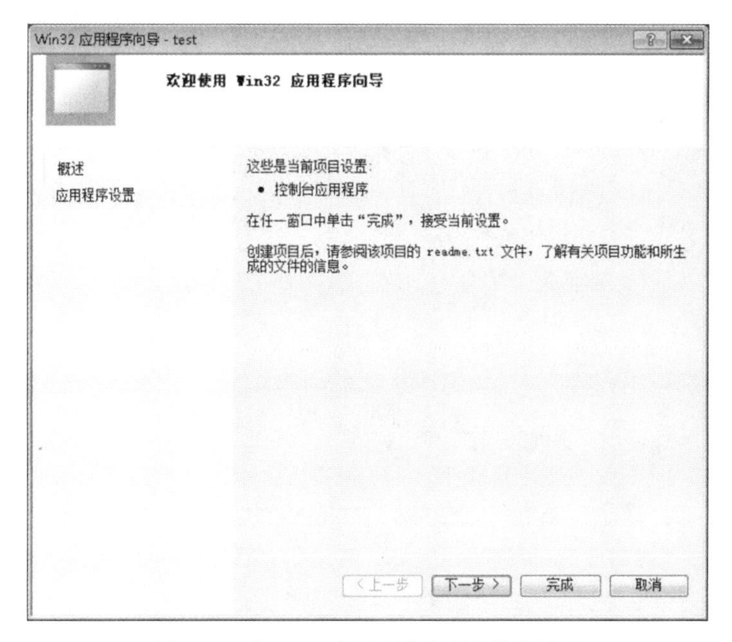

图1-5　“Win32 应用程序向导”操作界面

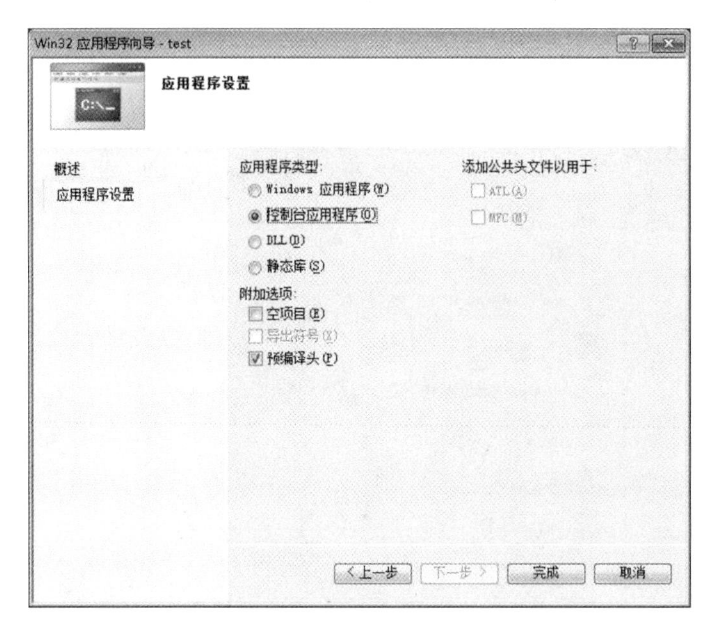

图 1-6　应用程序设置界面

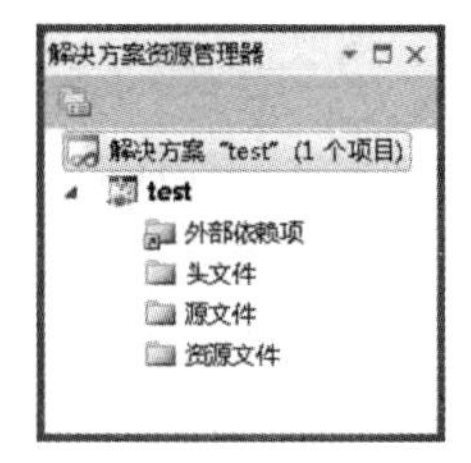

图 1-7　"解决方案'test'"操作界面

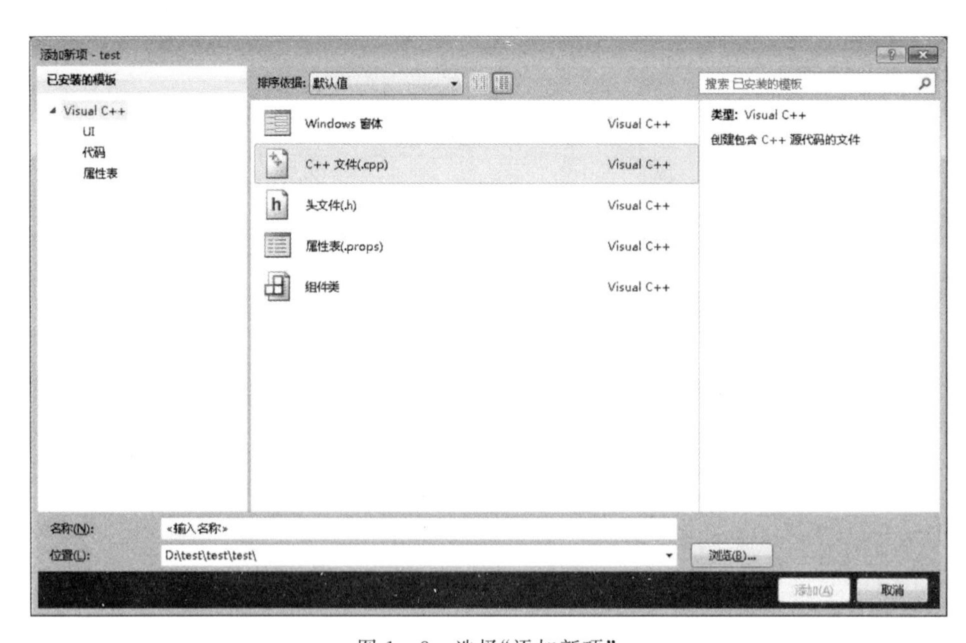

图 1-8　选择"添加新项"

(5)在如图 1－8 所示界面中选择“C＋＋文件(.cpp)”项，输入源文件的“名称”后，点击“添加”按钮，在如图 1－9 所示界面可以看到“源文件”项中添加了一个扩展名为.cpp 文件，用户可以在右边空白处编写源程序。

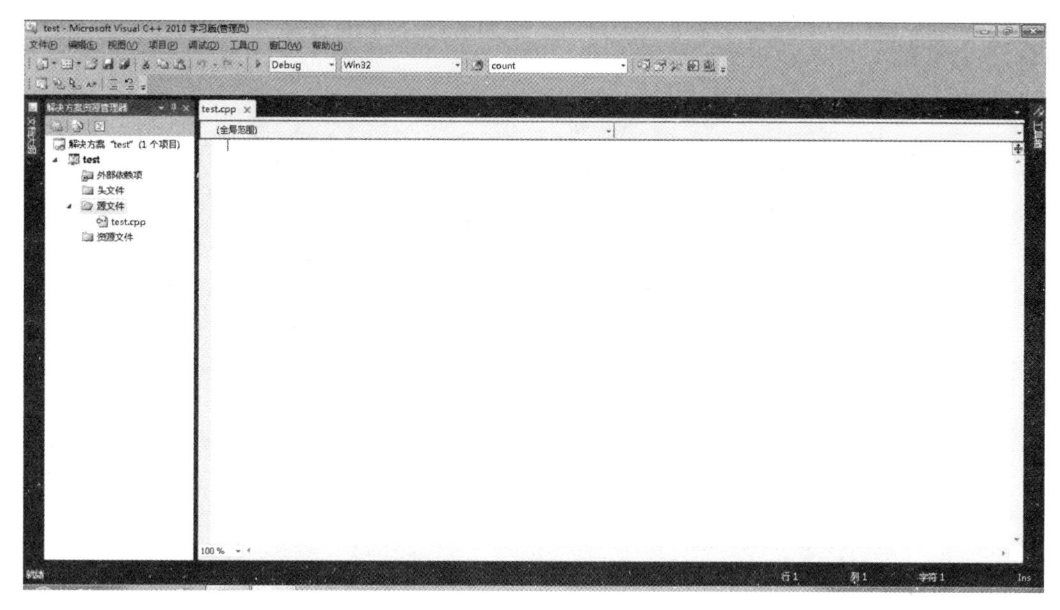

图 1－9　“添加新项”成功

(6)在图 1－9 操作界面的右边空白区域中，用户可以编写 C 语言的源程序，如：

```
#include <stdio.h>
int main()
{
  int i;
  printf("C 语言第一个源程序\n");
  for(i=0;i<=10;i++)
      printf("%d ",i);
  return 0;
}
```

源程序编写完成后，需要对源程序编译，查找程序代码中的各种错误，修改后确保程序的正常运行。

(7)选择菜单“调试”，点击“生成解决方案”菜单项，在输出窗口生成相关的提示信息，如图 1－10 所示。

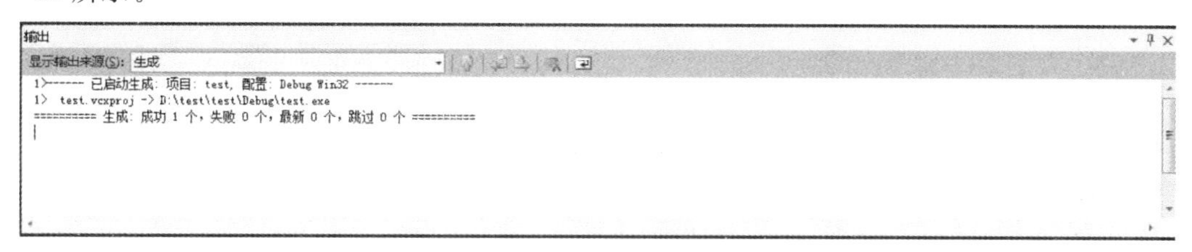

图 1－10　“生成解决方案”输出窗口

如果源程序中有明显语法错误,通常编辑环境会有红色下画线标示出来。修改语法错误后,可以按下快捷键“F7”,进行重新编译。

(8)在确保源程序中没有各种错误后,使用快捷按键“Ctrl + F5”,即可查看到程序的运行结果,如图1-11所示。

图1-11 程序运行结果

3. 软件使用小技巧

(1)当VC++2010学习版打开后,看不到“解决方案资源管理器”时,通常的解决方法。

方法1:选择菜单项“视图”,点击“其他窗口”子菜单项,选中“解决方案资源管理器”后,即可完成隐藏“解决方案资源管理器”的显示。

方法2:选择菜单项“窗口”,点击“重置窗口布局”子菜单项后,弹出是否还原默认窗口布局操作界面(见图1-12),点击“是”按钮,即可完成隐藏“解决方案资源管理器”“工具箱”“起始页”等窗口的显示。

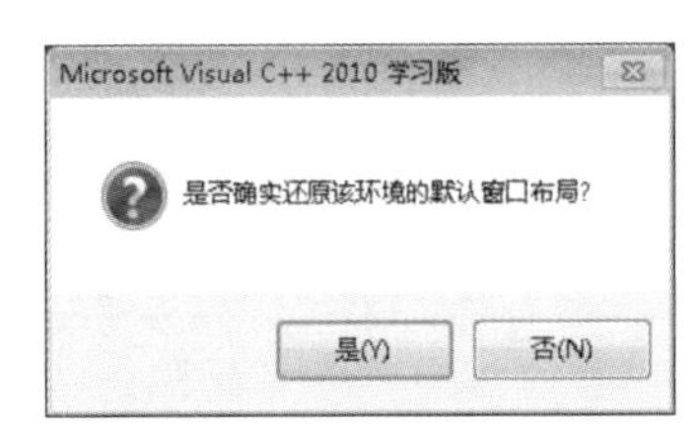

图1-12 还原默认窗口布局

(2)工具栏显示“编译”和“运行”按钮。

选择菜单项“工具”,点击“自定义”子菜单项后,弹出图1-13操作界面。

在图1-13操作界面中,选中“生成”和“调试”后,点击“关闭”按钮后,在工具栏中,增加了相应的快捷操作按钮。

(3)在“调试”中添加“开始执行(不调试)”的选项。

在图1-13操作界面中,选中“命令”项,操作界面切换到如图1-14所示。在“菜单栏”对应的下拉列表中选择“调试”项。

(4)点击“添加命令”按钮,在如图1-15所示操作界面中,在“类别”列表中选择“调试”项,在“命令”列表中选择“开始执行(不调试)”后,点击“确定”按钮。在菜单“调试”项中,增加了“开始执行(不调试)”选项。

图 1－13　设置“工具栏”显示

图 1－14　“开始执行(不调试)”的选项的设置

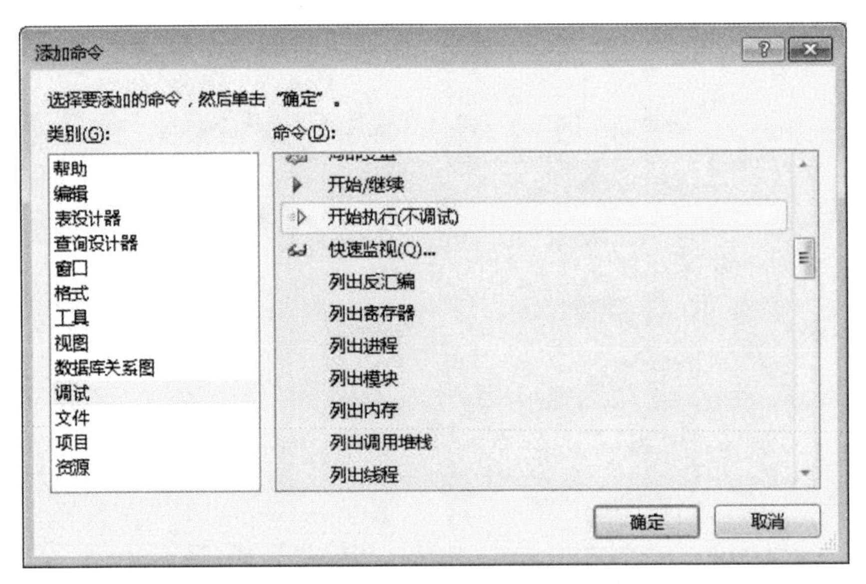

图 1-15 设置"开始执行(不调试)"的选项

4. 编程注意事项

VC++2010 学习版的层次关系为"解决方案→项目→文件"，即一个解决方案中包含零个、一个或多个项目，一个项目中包含零个、一个或多个文件。文件必须隶属于某个项目，项目必须属于某个解决方案。要新建. c(或. cpp)文件并编写代码，需要先建立项目(当新建项目时 VC 自动为项目创建一个解决方案)。打开一个临时文件时，VC 自动为该文件分配一个临时项目、一个临时解决方案。解决方案无类型之分，项目有类型之分(如 Visual C++控制台项目、ATL 类库项目等)，文件也有类型之分(源文件、头文件、资源文件等)。

5. 程序错误解决方法

错误提示信息：LINK :fatal error LNK1123:转换到 COFF 期间失败：文件无效或损坏

原因分析：系统的多次更新，出现了两个版本的 cvtres. exe。而系统变量里都将其引用，编译时，不清楚是用哪个版本而导致的错误。

解决方法：

在系统中找到文件 C:\Windows\Microsoft. NET\Framework\v4. 0. 30319\cvtres. exe 和 C:\Program Files\Microsoft Visual Studio 10. 0\VC\bin\cvtres. exe，然后右击鼠标，点击"详细信息"选项，查看"产品版本"信息，删除或者重新命名版本较低的文件即可。

学 习 检 测

一、选择题

1. C 语言程序从(　　)开始执行。

A. 程序中第一条可执行语句

B. 程序中第一个函数

C. 程序中的 main 函数

D. 包含文件中的第一个函数

2. 以下说法中正确的是(　　)。

A. C 语言程序总是从第一个定义的函数开始执行

B. 在 C 语言程序中,要调用的函数必须在 main( )函数中定义

C. C 语言程序总是从 main( )函数开始执行

D. C 语言程序中的 main( )函数必须放在程序的开始部分

3. 下列关于 C 语言的说法错误的是(　　)。

A. C 语言程序的工作过程是编辑、编译、链接、运行

B. C 语言不区分大小写

C. C 语言程序的三种基本结构是顺序、选择、循环

D. C 语言程序从 main 函数开始执行

4. C 语言规定,在一个源程序中,main 函数的位置(　　)。

A. 必须在最开始

B. 必须在系统调用的库函数的后面

C. 可以任意

D. 必须在最后

5. 当 C 语言的程序一行写不下时,可以(　　)。

A. 用逗号换行　　B. 用分号换行

C. 用回车符换行　　D. 在任意一空格处换行

二、填空题

1. 用高级语言编写的程序称为________。

2. ________是构成 C 语言程序的基本单位。

三、编程题

1. 编写一个 C 程序,输入 a、b、c 三个值,输出其中最大者。

2. 编写一个 C 程序,输出以下信息:

```
**********************
welcome you
very good
**********************
```

3. 编写一个 C 程序,输出一个四边形的周长,参数自定义。

第2章　数据类型及运算

问题引入

(1)在使用C语言解决实际问题时，首先要将实际问题和问题的解决方案依照C语言的语法格式描述出来再由计算机进行相关处理，才能得到最终结果。

(2)要将实际问题用C语言的语法格式进行描述，就要掌握C语言的基础语法知识。本章将学习C语言的标识符与关键字、变量及赋值、基本数据类型、各类运算符及相关表达式等基本语法相关内容。

知识要点

(1)C语言变量与赋值。
(2)数据类型。
(3)运算符。
(4)表达式。
(5)C语句。

2.1　C语言变量与赋值

通过第1章的例题程序不难看出，C语言程序都是由一系列的符号组成的，大多数计算机语言系统都采用ASCII码表示这些符号，这些符号就是标识符。标识符是唯一命名并标识程序中任何一个元素的名称，例如变量名、函数名以及数组名等都是标识符。

2.1.1　标识符与关键字

标识符通常由程序员自己定义，但需要遵循一定的规则。使用C语言命名标识符时应遵循以下原则：

(1)标识符只能由字母、数字和下画线3种字符组成，且第1个字符必须是字母或下画线，不允许使用数字作为标识符的首字符。例如，定义一个变量“age_1”或“_age1”是符合命名原则的，定义变量“1_age”是不允许的，因为违反了第1个字符不允许为数字的命名原则。

(2)C语言的标识符区分大小写，即C语言中定义的同一个字母的大写和小写会被当作两个不同的字符处理。例如，变量“sum”和“SUM”代表两个不同的标识符。

例 2.1　编辑运行以下代码：

```
#include <stdio.h>
int main()
{
    int  age = 19;
    Age = 20;
    printf("%d",Age);
    return 0;
}
```

程序说明：

在编辑时会提示标识符未定义错误。产生错误的原因是 Age 标识符使用前未被定义，C 语言区分大小写，第一行语句定义的是变量 age，与 Age 不是同一个标识符。

(3)不能使用关键字作为标识符。关键字又称为保留字，本身也是一种标识符，但是这种标识符被程序语言本身赋予了特殊的含义，不允许作为普通标识符出现在程序中。例如，“if”是 C 语言中定义选择结构中使用的关键字，因此不允许定义变量或其他标识符为“if”，C 语言中的关键字见表 2－1。

表 2－1　C 语言中的关键字

auto	double	int	struct
break	if	else	return
void	case	union	sizeof
char	continue	for	goto
default	while	static	do

(4)标识符命名应遵循“见名识意”的原则。将标识符命名成有一定含义的名称，既可以方便编写程序，也方便阅读程序。

(5)ANSI C 标准规定标识符可以为任意长度。由于某些编译程序仅能识别前 8 个字符，故外部名称必须至少能由前 8 个字符唯一区分。

2.1.2　常量与变量

计算机高级语言中，数据有两种表现形式：常量和变量。

1. 常量

在程序运行过程中其值不允许改变的量称为常量，即就是说在程序中常量只能被赋值一次。例 2.1 中的数值 19、20 就是常量；′A′、′B′为字符型常量。此类常量可以直接从其形式判别，可称为直接常量。主要有以下几类：

(1)整型常量。例如 20、0、45、－128 等都是整型常量。

(2)实型常量。例如十进制小数形式 3.141 5、0.85、－0.03 等，指数形式 45e2(4 500)、45e－2(0.45)等。

(3)字符常量。C语言字符常量有两种形式:

1)普通字符常量,用单引号(' ')括起来的一个字符,例如'a' 'b' 'R' '3' '?'。当字符常量存储在计算机内存单元中时,并不是存储字符本身,而是存储某种字符编码格式中该字符的代码(一般采用ASCII代码)。例如普通字符常量'a'的ASCII代码为97,因此在计算机内存中存放的就是97。ASCII字符代码对照表见附录C。

注意:普通字符常量只能是由单引号括起来的单个字符,不能写成由单引号括起来的多个字符,如'ab'或'123'等不是普通字符常量。

2)转义字符。C语言中的转义字符就是以字符'\'开头的字符序列,后面可以跟一个或几个字符。常用的转移字符及其含义见表2-2。

表2-2　C语言常用转义字符表

转义字符	意　义	转义字符	意　义
\n	回车换行	\f	走纸换页
\t	横向跳至下一制表位置	\\	输出字符\
\v	竖向跳格	\?	输出字符?
\b	退格	\"	输出字符"
\r	回车	……	

表2-2列出的转义字符意义是将"\"后的字符转换成另外的意义,比如转义字符'\n'中的字符n在此处不代表字母n而作为换行字符。

(4)字符串常量。用双引号(" ")括起来的若干个字符,例如:"man""22""w"等都是字符串常量。

注意:字符串常量是由双引号括起来的若干个字符,可以是多个字符也可以是一个字符。此处一定要和普通字符常量区分开来。

例如:"A"是字符串常量,而'A'是字符常量。因为前者是由双引号引起的,后者是由单引号引起的。

还有一类常量称为符号常量。需要用#define指令指定用一个符号名称代表一个常量。其定义的一般语法格式如下:

```
#define 符号常量名　常量值　　　//定义语句不需要分号结尾
```

定义符号常量注意以下几点:

(1)符号常量名的命名需符合标识符的命名规则,习惯上符号常量用大写表示。

(2)常量值应为直接常量。

(3)符号常量不占内存,预编译后该符号就不存在了,故不能对符号常量赋以新值。

(4)在需要改变一个程序中多次用到的同一常量时,符号常量可以实现"一改全改"。

例2.2　编程实现在控制台输入圆的半径,由程序计算出圆的面积和周长并输出计算结果。

解　根据圆的面积和周长计算公式可知,要完成圆的面积和周长的计算除了需要圆的半径外,都需要用到常量π;但是根据不同的结果精度要求,π的取值精度可能不同。因此,此处可将π定义为符号常量,既方便计算面积和周长时同时使用,又可以在计算精度发生变化时在

定义符号常量 π 处修改一次其精度值即可完成面积和周长的精度计算。

程序代码：

```
#include <stdio.h>
#define  PI 3.14                          //定义符号常量PI并赋值
int main()
{
   double radius;                         //定义变量存储圆的半径
   double area;                           //定义变量用以存储面积
   double circum;                         //定义变量用以存储周长
   printf("请输入圆的半径:");
   scanf("%lf",&radius);                  //程序从键盘获取用户输入的半径值
   area = PI * radius * radius;           //根据公式计算圆的面积
   circum = 2 * PI * radius;              //根据公式计算圆的周长
   printf("圆的面积为:%lf;周长为%lf。",area,circum);
   return 0;
}
```

程序执行结果：

```
请输入圆的半径: 2.5
圆的面积为: 19.625000; 周长为15.700000。
```

程序说明：

(1)通过对题目的分析不难看出，从控制台获取圆的半径后，只需要使用计算圆的面积和周长的数学公式，即可完成题目要求。

(2)根据数学公式可知，计算圆的面积或周长都需要使用到一个特殊的值 π，在此程序中需多次使用该值，因此值在程序多次计算中不变，因此在进行程序设计时可将该值定义为符号常量，以便于计算时多次使用。

(3)符号常量在使用之前必须先定义并赋值。

(4)通过此例题程序不难发现，如果因计算精度需要调整 π 值，只需在程序定义该符号常量处进行调整即可，不需要在每一个使用该值的地方调整。

2. 变量

在程序运行过程中其值可以发生改变的量就称为变量，即变量在程序运行时可以根据需要改变其值。变量其实是代表一个有名字的且具有特定属性的一个存储单元。它用来存放数据，此数据可称为变量的值。在程序运行期间，变量的值是可以改变的。

变量必须先定义，后使用。在变量定义时必须指定变量的名称和数据类型。变量名是一个标识符，因此定义时务必遵循标识符的命名原则。变量名其实代表该变量在计算机内存中的存储位置，当需要使用该变量时，计算机会自动根据变量名找到其对应的存储位置然后进行相应操作。数据类型是让编译系统明确给该变量分配对应大小的存储空间。

编程时要想使用变量，务必区分变量名和变量值两个概念。图 2-1 中 age 就是变量名，18 是变量 age 的值。

3. 常变量

常变量就是有名字的不变量，其占用内存空间，只是在常变量存在期间不能重新给其赋

值。其定义的一般语法格式：

```
const  数据类型  常变量名 = 值；
```

例如定义常变量 pi 其值为 3.141 5，则定义语句为

```
const float pi = 3.1415;
```

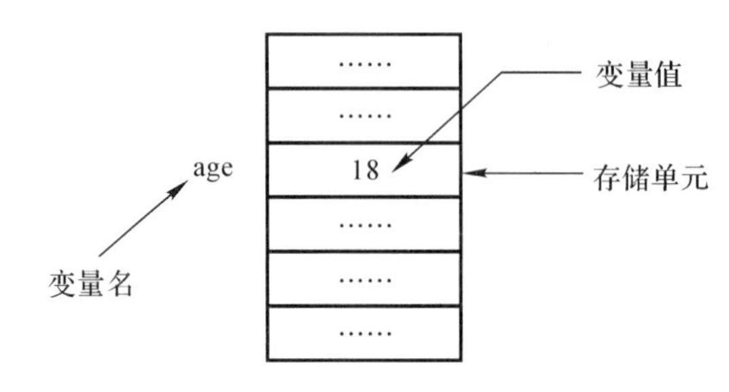

图 2-1　变量名与变量值示意图

常变量与符号常量的区别：

(1)定义语法格式不同。符号常量使用#define定义，不需要声明数据类型且定义语句后无语句结束符“;”；常变量使用 const 定义，需要声明定义的常变量的数据类型且定义语句后需要语句结束符“;”。

(2)系统处理方式不同。符号常量是预编译指令，标识符代表一个直接常量，在预编译时仅作直接替换，预编译结束后，符号常量就不存在了。符号常量不分配存储单元；常变量需要占用存储单元且其内存放值，只是该值不允许改变。

(3)从使用角度来看，常变量具有符号常量的优点，而且使用更为方便。

例 2.3　执行下面的程序代码，学习 const 的使用方法。

程序代码：

```
#include<stdio.h>
int main()
{
   const int a =100;          /*定义常变量 a,其值为 100*/
   int b = a + 50;            /*使用常变量 a 代表值 100*/
   a = b;                     /*错误语句,不允许修改常变量 a 的值*/
   return 0;
}
```

程序说明：

常变量 a 初始化后，在程序中不允许再次对其赋值，故导致程序错误。

2.2　数据类型

在计算机系统中，所有处理的数据都存放在存储单元中，存储单元是由有限的字节构成的。因此，在使用变量存储需要处理的数据时，需要在声明变量的时候明确变量存储的数据是什么类型的，以便于系统处理时在内存中分配相应大小的存储单元存放该数据。例如，程序在进行数据处理时，整数 5 和小数 3.141 5 就需要分别存储在大小不同的存储单元中，换句话说

就是这两个数据是属于不同数据类型的。

计算机系统中的数据类型，就是对数据分配存储单元的大小和存储形式的区分。不同数据类型分配的存储单元大小和存储形式各不相同。

C 语言允许使用的数据类型如图 2－2 所示。

- 数据类型
  - 基本类型
    - 整型
      - 短整型
      - 基本整型
      - 长整型
    - 字符型
    - 实型
      - 单精度型
      - 双精度型
    - 枚举型
  - 构造类型
    - 数组类型
    - 结构体类型
    - 共用体类型
  - 指针类型
  - 空类型

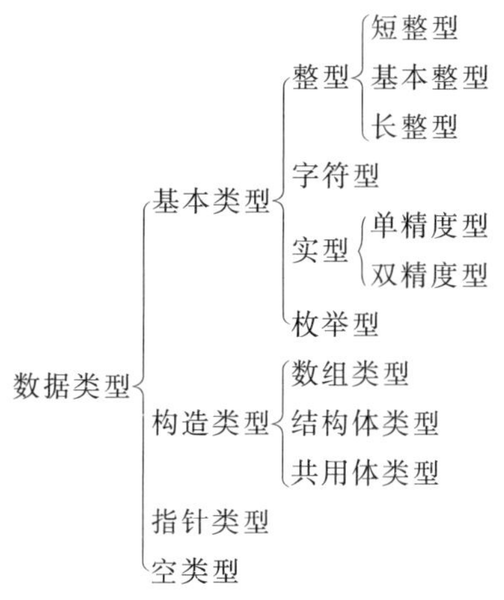

图 2－2　C 语言的数据类型图

其中，基本类型包括整型类型、实型（浮点）类型。不同类型的数据在内存中占用的存储单元大小不同。

2.2.1　整型数据

C 语言的整型数据包括基本整型（int）、短整型（short int）、长整形（long int）和双长整型（long long int）。

1. 基本整型（int）

基本整型数据在编译系统中占 4 个字节（以 Visual C＋＋为例）。基本整型数据在存储单元中是以补码的形式存放的。

一个正数的补码就是该数的二进制，如 7 的补码即为 0111，其在存储单元中存放的数据形式如图 2－3 所示。

00000000	00000000	00000000	00000111

图 2－3　整数 7 在存储单元中存放的数据形式

一个负数的补码，先计算该负数绝对值的二进制形式，然后按位取反再加 1。图 2－4 就是计算－7 补码的示意图。

00000000	00000000	00000000	00000111

(a)

11111111	11111111	11111111	11111000

(b)

图 2－4　计算－7 补码示意图

(a)整数－7 绝对值的补码；（b)整数－7 绝对值的补码按位取反

11111111	11111111	11111111	11111001

(c)

续图 2-4 计算-7 补码示意图

(c)整数-7 在存储单元中存放的数据形式

学习了基本整型数据在存储单元中的存放形式,很容易就能计算出一个基本整型数据所能表示的数据范围。以下将基本整型数据分为有符号基本整型和无符号基本整型分别讨论:

(1)有符号基本整型([signed] int):最高位 0 代表正数,1 代表负数,则以 Visual C++为例,4 个字节可以存放的最大数为 $2^{31}-1$,最小数为 -2^{31},使用时可省略关键字 signed。

例如声明一个有符号基本整型变量 area,代码如下:

```
signed int area;            //声明一个有符号基本整型变量 area
```

或

```
int area;
```

程序说明:

变量 area 可以存放的整型数据范围为 $-2^{31}\sim2^{31}-1$。如果给该变量所赋值超出此范围,系统会出现数值溢出,即就是该数据无法正确存放在变量中,类似将一壶水倒入一个小杯子会导致多余的水洒出。数值溢出会导致程序运算结果错误,因此在编程中需要合理声明变量的数据类型,避免数据溢出。

(2)无符号基本整型(unsigned int):最高位不代表正负号。在 Visual C++编译系统中,其可存放的最小数为 0,最大数为 $2^{32}-1$,使用时可省略关键字 int。

例如声明一个无符号基本整型变量 area,代码如下:

```
unsigned int area;          //声明一个无符号基本整型变量 area
```

或

```
unsigned area;
```

程序说明:

变量 area 可以存放的整型数据范围为 $0\sim2^{32}-1$。如果给该变量所赋值超出此范围,系统也会出现数值溢出,因此在编程中务必根据实际需要合理声明变量的数据类型。

2. 短整型(short int)

短整型数据在编译系统中占 2 个字节(以 Visual C++为例)。短整型数据在存储单元中也是以补码的形式存放的,此处不再赘述。与基本整型相同,短整型数据也分为有符号短整型和无符号短整型。

(1)有符号短整型([signed] short [int])。最高位 0 代表正数,1 代表负数,则以 Visual C++为例,2 个字节可以存放的最大数为 $2^{15}-1$,最小数为 -2^{15},使用时可省略关键字 signed 和 int。

例如声明一个有符号短整型变量 area,代码如下:

```
signed short int area;          //声明一个有符号短整型变量 area
```

或

```
short area;
```

程序说明:

变量 area 可以存放的整型数据范围为 $-2^{15}\sim2^{15}-1$。不难发现,用以表示面积的变量 area 既可以声明其数据类型为基本整数类型也可为短整型,在编程时并不是声明数据类型表示范围越大越好,应根据实际编程需要选取表示范围最合适的数据类型。例如,编程时需要声明表示面积的变量，取值范围可能在$-2^{15}\sim2^{15}-1$之间，此时设置该变量为有符号的短整型即可。假设此时设置此变量为基本整型，那将会导致存储单元中高位2字节闲置，降低资源利用率、造成资源浪费。

(2)无符号短整型(unsigned short [int])。最高位不代表正负号。在Visual C++编译系统中，其可存放的最小数为0，最大数为$2^{16}-1$，使用时可省略关键字int。

例如声明一个无符号短整型变量area，代码如下：

```
unsigned short int area;            //声明一个无符号短整型变量area
```

或

```
unsigned short area;
```

程序说明：

变量area可以存放的整型数据范围为$0\sim2^{16}-1$。不难发现，用以表示面积的变量area既可以声明其数据类型为有符号短整数类型，也可以声明为无符号短整型，在编程时也应根据实际编程需要选取最合适的数据类型。例如，编程计算某图形的面积，因为图形面积都为正数，此时就可以将该变量设置成无符号的短整型。

3. 长整型(long int)

长整型数据在编译系统中占4个字节(以Visual C++为例)。长整型数据在存储单元中也是以补码的形式存放。与基本整型相同，长整型数据也分为有符号长整型和无符号长整型。

(1)有符号长整型([signed] long [int])。最高位0代表正数，1代表负数，则以Visual C++为例，4个字节可以存放的最大数为$2^{31}-1$，最小数为-2^{31}，使用时可省略关键字signed和int。

例如声明一个有符号长整型变量number，代码如下：

```
signed long int number;          //声明一个有符号长整型变量number
```

或

```
long number;
```

(2)无符号长整型(unsigned long [int])。最高位不代表正负号。在Visual C++编译系统中，其可存放的最小数为0，最大数为2^{32}，使用时可省略关键字int。

例如声明一个无符号长整型变量number，代码如下：

```
unsigned long int number;     //声明一个无符号长整型变量number
```

或

```
unsigned long number;
```

4. 双长整型(long long int)

双长整型数据在编译系统中占8个字节(以Visual C++为例)。双长整型数据在存储单元中也是以补码的形式存放。与基本整型相同，双长整型数据也分为有符号双长整型和无符号双长整型。

(1)有符号双长整型([signed] long long [int])：最高位0代表正数，1代表负数，则以Visual C++为例，8个字节可以存放的最大数为$2^{63}-1$，最小数为-2^{63}，使用时可省略关键字signed和int。

例如声明一个有符号双长整型变量number，代码如下：

```
signed long long int number;   //声明一个有符号双长整型变量number
```

或

```
long long number;
```

(2)无符号双长整型(unsigned long long [int])：最高位不代表正负号。在Visual C++编译系统中，其可存放的最小数为0，最大数为$2^{64}-1$，使用时可省略关键字int。

例如声明一个无符号双长整型变量 number,代码如下:

```
unsigned long long int number;    //声明一个无符号双长整型变量 number
```

或

```
unsigned long long number;
```

2.2.2 浮点型数据

浮点型数据也称为实型数据,用来表示具有小数点的实数,是由整数和小数两个部分组成的,在C语言中以指数形式存放。通常将实数的小数点前数字为0、小数点后第1位数字不为0的表示形式称为该实数的规范化指数形式。浮点型数据根据其精度分为单精度浮点型、双精度浮点型和长双精度浮点型。

1. 单精度浮点型(float)

单精度浮点型数据在编译系统中占用4个字节存储单元,以规范化的二进制数指数形式存放,其小数部分和指数部分单独存放。若有小数12.345,要将其存放至内存单元中,其规范化十进制指数形式为0.12345×10^{2},将其小数部分转换成二进制数、指数部分转换成2次幂后放入内存单元。因为存储单元长度有限,用二进制表示实数的精度也是有限的,小数部分占的存储单元位数越多存储精度越高,指数部分占的存储单元位数越多则可表示的数值范围越大。标准的C语言并没有具体规定存储位数中小数部分和指数部分所占位数。单精度浮点型数据取值范围$-3.4\times10^{-38}\sim3.4\times10^{38}$。图2-5所示为12.345在内存中存放的十进制表示形式。

数符	小数部分	指数部分
+	0.123 45	2

图2-5 12.345内存存放示意图

例如声明一个单精度浮点型变量 price,代码如下:

```
float price;                //声明一个单精度浮点型变量 price
```

2. 双精度浮点型(double)

双精度浮点型数据在编译系统中占用8个字节存储单元,与单精度浮点型一样也是以规范化的二进制数指数形式存放,其小数部分和指数部分单独存放,其数据取值范围$-1.7\times10^{-308}\sim1.7\times10^{308}$。

例如声明一个单双精度浮点型变量 price,代码如下:

```
double price;               //声明一个双精度浮点型变量 price
```

3. 长双精度浮点型(long double)

长双精度浮点型数据在编译系统(以 Visual C++为例)中占用8个字节存储单元,与双精度浮点型一样也是以规范化的二进制数指数形式存放,其小数部分和指数部分单独存放,其数据取值范围$-1.7\times10^{-308}\sim1.7\times10^{308}$。在使用长双精度浮点型数据时,需注意不同的编译系统中长双精度浮点型分配的存储单元位数不同。

2.2.3 字符型数据

字符型数据表示单个字符,在C语言中是以其代码进行存储的,占用1个字节存储单元。

例如字符 A 在存储单元中存放的是其在 ASCII 字符集中的代码 65(十进制数)。标准的 ASCII 字符集包括 128 个字符,主要分类见表 2－3。

表 2－3　ASCII 字符集分类

类　型	包含字符	数　量
字母	A～Z、a～z	52
数字	0～9	10
符号	! ′ # &′() * + − ,./:;<>=? []\^_`{}|～	29
空格符	空格、水平制表符、垂直制表符、换行、换页	5
无显示字符	空字符、警告字符、退格、回车等	31

例如声明一个字符变量 sex,代码如下:

```
char sex = 'm' ;                    //声明一个字符变量 sex 并赋值
```

2.3　运　算　符

使用 C 语言编程处理问题,实际就是利用计算机对相关数据进行各类运算,获取最终结果。要对数据进行各类处理运算,就需要掌握 C 语言中允许使用的各类运算符。

运算符是一种特殊的符号,常和运算数一起组成运算式。

2.3.1　算术运算符

C 语言中算术运算符包括 2 个单目运算符正(+)和负(−)、5 个双目运算符加(+)、减(−)、乘(*)、除(/)和求余(%)运算符。单目运算符又称为一元运算符,是指此类运算只需一个运算对象(也称操作数)。双目运算符又称为二元运算符,是指此类运算需要两个运算对象才可以进行。

运算符正(+)是正号单目运算符。例,+a 运算结果就是 a。

运算符负(−)是负号单目运算符。例,−a 运算结果是 a 的算术负值。

运算符加(+)是加法双目运算符。例,a+b 运算结果是 a 与 b 的和。

运算符减(−)是减法双目运算符。例,a−b 运算结果是 a 与 b 的差。

运算符乘(*)是乘法双目运算符。例,a*b 运算结果是 a 与 b 的乘积。

运算符除(/)是除法双目运算符。例,a/b 运算结果是 a 与 b 的商。

运算符求余(%)是求余双目运算符。例,a%b 运算结果是 a 除以 b 的余数。

说明:

(1)正号和负号单目运算符不会改变任何参与运算的操作数本身的值。例如变量 a 的值为 5,则进行−a 运算后,a 的值依旧为 5。

(2)求余双目运算符要求两个参与运算的对象均为整数,且运算结果也为整数。例如 5%3 的运算结果为 2。

(3)特别需要注意的是当参与除法双目运算符的两个运算对象均为整数时,运算结果也为整数,不同编译系统此时处理方式各不相同。例如 5/3 的运算结果为 1。

(4)算术运算符中除求余运算符外,其余运算符的运算对象可以是任意算术类型。

2.3.2 自增、自减运算符

自增运算符(++)的作用是使变量的值加 1。例,有变量 i,++i 代表先将变量 i 的值加 1 再使用变量 i;而 i++代表先使用变量 i 再将变量 i 的值加 1。

自减运算符(--)的作用是使变量的值减 1。例,有变量 i,--i 代表先将变量 i 的值减 1 再使用变量 i;而 i--代表先使用变量 i 再将变量 i 的值减 1。

说明:

(1)自增、自减运算符只能用于变量,不能用于常量或表达式。

(2)++i 或者 i++作用相当于 i=i+1。

(3)自增、自减运算符常用于循环语句。

例 2.4 编程计算 1+2+3+…+100 的和并输出。

解 要完成题目要求计算结果,通过对这些求和整数的分析不难发现,后一个整数等于前一个整数加 1,假设前一个整数为 i,则其后一个整数可表示为 $i+1$,如果此后一位整数加 1 后存储于 i 中,则其再后一位整数也可表示为 $i+1$,顾可定义后一位数为 $i=i+1$,这个表达式可以使用自增运算符 i++表示。

程序代码:

```
#include<stdio.h>
int main()
{
   int i=1,sum = 0;              //声明变量 i 和 sum,sum 用于存储求和值
   while(i<=100)                 //由变量 i 控制加入 sum 值
   {
        sum = sum+ i;            //将变量 i 的值加入累加器 sum 中
        i++;                     //变量 i 加 1
   }
   printf("1+2+3+...+100=%d\n",sum);//输出 1+2+…+100 的运算结果
   return 0;
}
```

程序执行结果:

```
1+2+3+...+100=5050
```

程序说明:

本例题使用 while 循环完成 1+2+…+100 的和,其中变量 sum 可称为累加器,即将所需数据加入其中存放加法运算的结果,变量 i 使用++运算符依次完成取值 1,2,…,100,当循环执行完毕,变量 i 从 1 取值至 100,累加器 sum 中存放所有数累加结果,最后将结果输出。

2.3.3 强制类型转换运算符

强制类型转换运算符的一般形式:

(数据类型)(表达式)

其功能为将(表达式)的值强制转换成定义的(数据类型)。

例如以下语句：

```
(long int)area                //将变量 area 强制转换成 long int 类型
(float)(average/num)          //将表达式 average/num 的值强制转换为 float 类型
```

程序说明：

(1)强制类型转换只是得到一个定义数据类型的中间数据，原有变量的数据类型不会发生任何变化。(long int)area 运算后，此表达式值的数据类型为长整型，而变量 area 仍为原定义数据类型。

(2)强制类型转换通常用于将数据类型范围较大的表达式值赋予数据类型范围较小的变量时使用，因为此时有可能会造成数据溢出，导致程序错误。

例如以下代码：

```
int a = 3276;                    //定义 int 类型变量 a 并赋值
short int b = (short int)a ;     //将 int 类型值放入 short int 类型变量中，必须进行强制类型转换
```

将基本整数类型值赋予短整型变量，因为 int 类型数据占 4 个字节，而短整型占 2 字节，此时将数据范围较大的值放入范围小的变量中可能会产生数据溢出，故而需要进行强制类型转换进行存入。

例 2.5　若“int n; float f=13.8;”，则执行“n=(int)f%3”后，n 的值是(　　)。

A. 1　　　　B. 4　　　　C. 4.333 333　　　　D. 4.6

解　代码(int)f 表示将变量 f 的值强制类型转换为 int 整型，即将 13.8 的小数部分舍掉，转换为 13；然后计算 13%3，结果为 1，再将结果赋给变量 n，因此变量 n 的值为 1，故答案为 A。

2.4　表　达　式

在 C 语言中，由运算符、括号和运算对象组成的符合 C 语法规则的式子就是表达式。表达式的作用主要有以下两种：

(1)用于将表达式的返回值赋值给变量。

(2)作为函数参数。

表达式的返回值是有数据类型的，取决于组成表达式的变量和常量的数据类型。

2.4.1　算术表达式

使用算术运算符和括号将运算对象连接成一个符合语法规则的式子就是算术表达式。

例如下列算术表达式：

```
average = sum / num;
area = PI * r * r;
r = x+y * z;
```

当计算表达式返回值时，应按照表达式中多种运算符的优先级别高低(即优先级)执行。算术运算符的优先级顺序如下：-(负号运算符)、*(乘法运算符)、/(除法运算符)、%(求余运算符)、+(加法运算符)、-(减法运算符)。

例如计算算术表达式 x+y*z 的返回值应先计算 y*z，然后将计算结果与 x 相加，最后得到该算术表达式的返回值。

当计算表达式返回值时，出现参与运算的运算符优先级相同的情况，此时应按照各种运算符的结合性(结合方向)处理。C 语言规定了各类运算符的结合性，算术运算符的结合性均为“自左向右”。

例如计算表达式 a＋b－c 的返回值，因＋、－运算符优先级相同，此时运算应依据算术运算符自左向右的结合性执行，即 b 先与左侧加法运算符结合计算 a＋b 的结果，再将结果减去 c，最后得到该表达式的返回值。

例 2.6 BMI(身体质量指数)是用体重(单位：kg)除以身高(单位：m)的二次方得出的数字，是目前国际上常用的衡量人体胖瘦程度以及是否健康的一个标准。请编程根据用户输入的体重及身高，计算该用户的身体质量指数并输出。

解 根据题目要求可知，BMI 指数为浮点数类型数据，顾需分别定义三个浮点型数据变量 w、h、b 分别存放体重、身高及运算结果；其中，体重和身高值应从键盘获取用户输入值，根据 BMI 运算公式可写出运算表达式 b＝w/(h * h)，最后将运算结果 b 输出即可。

程序代码：

```
#include<stdio.h>
int main()
{
    float w,h,b;                    /* 声明变量分别存放体重、身高及 BMI 值 */
    printf("请输入体重(千克)及身高(米):\n");
    scanf("%f%f",&w,&h);            /* 从键盘接收用户输入的体重及身高值 */
    b = w/(h * h);                  /* 根据 BMI 计算公式使用算术表达式描述计算 */
    printf("您的 BMI 指数为: %f\n",b);
    return 0;
}
```

程序执行结果：

```
请输入体重(千克)及身高(米):
62 1.68
您的BMI指数为: 21.967121
```

算术表达式返回值类型取决于运算对象的数据类型，主要有以下几种情况：

(1)运算对象中含有浮点型数据在进行＋、－、*、/运算时，运算结果均为双精度浮点型(double)，因为此时系统进行运算会先把所有运算数转换为 double 类型。

(2)字符型数据与整型数据进行运算，系统会将字符型数据转换为其 ASCII 码再与整型数据进行计算。例，计算表达式'A'＋32 的值，字符 A 的 ASCII 码值为 65，故表达式的返回值为 97。

(3)不同数据类型进行混合运算时，系统先将不同类型数据转换成同一类型，再进行计算。转换规律如下：

char、short－＞int－＞unsigned－＞long－＞double

float－＞ double

(4)当用以上表达式进行算术运算时，数据的运算转换由系统自动完成。

例 2.7 下面表达式的值为 4 的是(　　)

A. 11/3　　B. 11.0/3　　C. (float)11/3　　D. (int)(11.0/3＋0.5)

解　根据 C 语言基础语法学习可知，相同数据类型的元素进行数学运算（＋、－、＊、/）得到结果还保持原数据类型，不同数据类型的元素进行数学运算，先要统一数据类型，统一的标准是低精度类型转换为高精度的数据类型。

选项 A，11 与 3 为两个整数，11/3 结果的数据类型也应为整数，因此将 3.666 666 的小数部分全部舍掉，仅保留整数，因此 11/3＝3。

选项 B，11.0 为实数，3 为整数，因此首先要统一数据类型，将整型数据 3 转换为 3.0，转换后数据类型统一为实型数据，选项 B 变为 11.0/3.0，结果的数据类型也应为实型数据，因此选项 B 11.0/3＝3.666 666。

选项 C，先将整数 11 强制类型转换，转换为实型 11.0，因此选项 C 变为 11.0/3，其后计算过程、结果与选项 B 同。

选项 D，首先计算 11.0/3，其计算过程、结果与选项 B 同，得到 3.666 666；再计算 3.666 666＋0.5＝4.166 666，最后将 4.166 666 强制类型转换为整型，即将其小数部分全部舍掉，结果为 4。故该题正确答案为 D。

2.4.2　关系表达式

在处理实际问题时，经常需要判断运算对象的大小关系，此类判断运算对象大小关系的运算就是关系运算。关系运算是依靠关系运算符来完成相关判断的。C 语言中关系运算符主要包括：大于运算符（＞）、大于等于运算符（＞＝）、小于运算符（＜）、小于等于运算符（＜＝）、等于运算符（＝＝）和不等于运算符（！＝），见表 2－4。

表 2－4　关系运算符

符　号	功　能
＞	大于
＞＝	大于等于
＜	小于
＜＝	小于等于
＝＝	等于
！＝	不等于

使用关系运算符和括号将运算对象连接成一个符合语法规则的式子就是关系表达式。关系运算的返回值为真或假，分别用 1 或 0 来表示，真（1）表示指定关系成立，假（0）表示指定关系不成立。

例如下关系表达式：

15＞＝18　　　　　　//15 小于 18，该关系不成立，表达式返回值为假
19＞18　　　　　　　//19 大于 18，该关系成立，表达式返回值为真
15＝＝18　　　　　　//该关系不成立，表达式返回值为假
15！＝18　　　　　　//该关系成立，表达式返回值为真

在使用关系运算符构成表达式的时候，有以下几点需要注意：

（1）等于运算符为“＝＝”，务必与赋值运算符“＝”区分开来；前者用于判断两个运算对象

是否相等,后者用于将赋值运算符右侧的值赋予左侧对象。

(2)在C语言的6个关系运算符中,＞、＞＝、＜、＜＝4个运算符的优先级相等,＝＝和！＝的优先级相等,但是＞、＞＝、＜、＜＝4个运算符的优先级高于＝＝和！＝,即关系运算符的优先级从高到低为:{＜、＜＝、＞、＞＝}{＝＝、！＝}。

例如:a＝＝b＜c在进行比较时,由于＜的优先级高于＝＝,所以该关系表达式等效于a＝＝(b＜c),也就是先计算关系表达式b＜c的值,然后再比较变量a的值是否等于b＜c表达式的值。

(3)关系运算符的结合性均为自左向右。

2.4.3 逻辑表达式

处理逻辑关系的运算符称为逻辑运算符。在C语言中,逻辑运算符主要有:逻辑与运算符(&&)、逻辑或运算符(||)、逻辑非运算符(!)。其中,除逻辑非运算符为单目运算符外,其他均为双目运算符。

各种逻辑运算所得结果值见表2-5。其中,0代表假,1代表真。

表2-5 逻辑运算真值表

x	y	! x	! y	x&&y	x||y
0	0	1	1	0	0
0	1	1	0	0	1
1	0	0	1	0	1
1	1	0	0	1	1

使用逻辑运算符和括号将运算对象连接成一个符合语法规则的式子就是逻辑表达式。在C语言中,表达式的值非零,其值为真,非零的值用于逻辑运算,则等价于1;假值总是为0。因为关系表达式的返回值为真(1)或假(0),所以逻辑表达式也可以由逻辑运算符连接关系表达式组成。

在进行逻辑表达式计算时,需要注意以下几点:

(1)逻辑运算符优先次序从高到低为:逻辑非运算符(!),逻辑与运算符(&&)和逻辑或运算符(||)。

(2)逻辑运算符的结合性均为自左向右。

(3)逻辑运算符中:逻辑非运算符(!)高于算术运算符;逻辑与运算符(&&)和逻辑或运算符(||)低于关系运算符,常用运算符优先级对照表见附录B。

(4)C语言中,以数值1代表真,以数值0代表假,在判断一个量的逻辑值时,以0代表假,以非0代表真。例如,a＝18,则！a ＝ 0。

2.4.4 逗号表达式

逗号运算符(,)是C语言提供的一种特殊运算符,其功能是将两个表达式连接起来组成一个新的表达式。该运算符为双目运算符。

使用逗号运算符将两个C语言表达式连接起来就构成了一个新的表达式,即逗号表达式。其一般形式如下：

　　表达式 1,表达式 2

逗号表达式在运算时,分别计算表达式 1 和表达式 2 的值并将表达式 2 的值作为整个逗号表达式的值。

例如以下语句：

```
x = (1+2 , 3*4) ;                    //1+2 , 3*4 为逗号表达式,运算结果为 x 值等于 12
```

例 2.8　有如下程序,试分析该程序运行结果。

程序代码：

```
#include <stdio.h>
int main()
{
    int age;
    int by ;
    if((age=(by=2010,2020-by))>18)        //(by=2010,2020-by)为逗号表达式
      printf("\n 你已成年! ");
    else
      printf("\n 你还未成年!");
    return 0;
}
```

程序执行结果：

```
你还未成年!
```

程序说明：

在该段程序中,条件判断语句 if((age=(by=2010,2020-by))>18)里,(by=2010,2020-by)为逗号表达式,by=2010 为表达式 1,2020-by 为表达式 2;语句运行后,by 的值为 2010,表达式 2 的值为 2020-2010 的结果 10,逗号表达式的最终值即为 10,则 age 值为 10,age>18 值为假,故输出“你还未成年!”。

在进行逗号表达式计算时,需要注意以下几点：

(1)逗号运算符的结合性是自左至右,其运算优先级最低。

(2)逗号表达式中的两个表达式也可以是逗号表达式,即表达式的嵌套结构。例如:(表达式 1,表达式 2),(表达式 3,表达式 4),则该逗号表达式的值为表达式 4 的值。

(3)注意区分逗号运算符与函数变量参数列表中逗号。

2.4.5　sizeof 表达式

在 C 语言中有一个比较特殊的运算符,即 sizeof 运算符,可用来计算程序中的数据或数据类型在内存中所占字节数,该运算符为单目运算符。

由 sizeof 运算符、双括号及括号中的操作数连接就构成了 sizeof 表达式,功能为计算括号中的操作数在内存中所占字节数。

其一般形式为

sizeof(表达式)

或

sizeof(数据类型名)

例 2.9 编程实现输出当前编译系统基本整型、单精度类型及双精度类型数据在内存中所占字节数。

解 要想知道当前编译系统各类数据类型数据在内存中占用的字节数,使用 sizeof 运算符即可实现。

程序代码:

```
#include <stdio.h>
int main()
{
  int age=20;
  printf("\n 基本整数类型数据在内存中所占字节数%d\n",sizeof(age));
          \\使用 sizeof 运算符计算 int 类型变量 age 所占内存字节数
  printf("单精度浮点数类型数据在内存中所占字节数%d\n",sizeof(float));
          \\使用 sizeof 运算符计算单精度浮点类型数据所占内存字节数
  printf("双精度浮点类型数据在内存中所占字节数%d\n",sizeof(double));
          \\使用 sizeof 运算符计算双精度浮点类型数据所占内存字节数
  return 0;
}
```

程序执行结果:

```
基本整数类型数据在内存中所占字节数4
单精度浮点数类型数据在内存中所占字节数4
双精度浮点类型数据在内存中所占字节数8
```

在使用 sizeof 表达式计算时,需要注意以下几点:

(1)使用 sizeof 表达式进行计算时,计算出的占用内存字节数同一种数据类型的数据会因为不同的编译系统得出不同的计算结果。

(2)sizeof 表达式中操作数可以是变量、常量或数据类型名。

2.5 C 语 句

C 语言的语句用来向计算机系统发出操作指令,其作用就是完成一定的操作任务。一条语句经过编译后产生若干条机器指令。

2.5.1 C 语句分类

(1)表达式语句:表达式语句由表达式加上分号";"组成。其一般形式为

表达式;

执行表达式语句就是计算表达式的值。

例如:

```
x=y+z;            //赋值语句;
```

```
y+z;                //加法运算语句,但计算结果不能保留,无实际意义
i++;                //自增 1 语句,i 值增 1
```

(2)函数调用语句:由函数名、实际参数加上分号";"组成。其一般形式为

```
函数名(实际参数表);
执行函数语句;
```

该语句就是调用函数体并把实际参数赋予函数定义中的形式参数,然后执行被调函数体中的语句,求取函数值(在后面函数中再详细介绍)。例如:

```
printf("C Program");        //调用库函数,输出字符串
```

(3)控制语句:控制语句用于控制程序的流程,以实现程序的各种结构方式。它们由特定的语句定义符组成。C 语言控制语句见表 2-6。

表 2-6　C 语言的控制语句

if( )~else~	条件语句
for( )~	循环语句
while( )~	循环语句
do ~while( )	循环语句
continue	结束本次循环语句
break	中止执行 switch 或循环语句
switch	多分支选择语句
goto	转向语句
return	从函数返回语句

(4)复合语句:把多个语句用括号{ }括起来组成的一个语句称复合语句。在程序中应把复合语句看成是单条语句,而不是多条语句。例如:

```
{
    x=y+z;
    a=b+c;
    printf("%d%d",x,a);
}
```

是一条复合语句。复合语句内的各条语句都必须以分号";"结尾,在括号"}"外不能加分号。

(5)空语句:只有分号";"组成的语句称为空语句。空语句是什么也不执行的语句。在程序中空语句可用来作空循环体。例如:

```
while(getchar()! ='\n');
```

其语句功能是,只要从键盘输入的字符不是回车则重新输入。在该循环语句中,循环体为空语句。

2.5.2　输入输出语句

在 C 语言中,所有的数据输入/输出都是由库函数完成的,因此都是函数语句。

在使用 C 语言库函数时,要用预编译命令:

#include

将有关“头文件”包括到源文件中。使用标准输入输出库函数时要用到“stdio.h”文件,因此源文件开头应有以下预编译命令:

#include<stdio.h>

或 #include "stdio.h"

考虑到 printf 和 scanf 函数使用频繁,系统允许在使用这两个函数时可不加

#include <stdio.h>

或 #include "stdio.h"

1. printf 格式输出函数

程序中的输入输出是最基本的操作之一。输入输出是以计算机为主体而言的,从计算机向输出设备(如显示器、打印机等)输出数据称为输出,从输入设备(如键盘、优盘等)向计算机输入数据称为输入。

要将程序运行的结果按照一定的格式向终端(输出设备)输出可以使用 printf 函数。其一般格式如下:

printf(格式控制,输出列表)

printf 函数主要包括两部分:

(1)格式控制部分是由双引号引起来的字符串,称为转换控制字符串。其中包括格式字符和普通字符。

1)格式字符用以说明输出数据的指定格式,由"%"开头和字母组成。例如,要输出带符号的十进制整数则该格式字符就为"%d"。printf 函数格式字符见表 2-7。

表 2-7 printf 函数格式字符

格式字符	说 明	举 例
%d,%i	以带符号的十进制形式输出整数	printf("%d",21)
%o	以八进制无符号形式输出整数	printf("%o",19)
%x,%X	以十六进制无符号形式输出整数,%x 输出时字母小写,%X 输出时字母大写	printf("%x",128)
%u	以无符号十进制形式输出整数	printf("%u",78)
%c	以字符形式输出,输出一个字符	printf("%c",'A')
%s	输出字符串	printf("%s","old")
%f	以小数形式输出	printf("%f",3.14)
%e,%E	以指数形式输出实数,%e 输出时指数用“e”表示,%E 输出时指数用“E”表示	printf("%e",3.14)
%g,%G	以%f 或%e 格式输出宽度简短的一种格式,不输出无意义的 0	printf("%g",3.14)

在格式声明中,在%和上述格式字符间可插入表 2-8 中列出的几种附加符号。

表 2－8　printf 函数附加格式字符

字　符	说　明	举　例
l(字母)	用于长整型数，可用于%d、%o、%x、%u 前	printf("%ld",123456)
m(整数)	数据最小宽度	printf("%4d",12)
n(整数)	对于实数，表示输出 *n* 为小数；对于字符串，表示截取的字符个数	printf("%4.2f",12.345)
－	输出的数字或字符在域内向左对齐	printf("%－10s","good")

2)普通字符是在输出时原样输出的字符，其中包括双引号内的逗号、空格和换行符等。

例如有如下程序：

```
#include<stdio.h>
int main()
{
   int age = 20;
   printf("Your age is %d ",age);
   return 0;
}
```

程序执行结果：

```
Your age is 20
```

以上语句使用了 printf 函数进行格式输出，该函数中有两个部分“Your age is %d”部分就称为转换控制字符串，其中“Your age is”是普通字符，在输出时需原样输出，“%d”是格式字符，表示在该位置输出一个带符号的十进制整数；“age”部分为输出列表，即将变量 age 的值按照转换控制字符串部分的要求格式输出。

(2)输出列表部分定义需要输出的变量或表达式，如果是多个用逗号分隔。

例 2.10　有如下程序，试分析输出显示结果：

```
#include<stdio.h>
int main()
{
   printf("%ld\n",123456);
   printf("%4d\n",12);
   printf("%4.2f\n",12.345);
   printf("%-10s\n","good");
   return 0;
}
```

解　此处主要使用 printf 输出函数格式字符内容判断输出数据格式，‘\n’表示输出后换行。其他格式控制解释如下：

(1)在 printf("%ld\n",123456)语句中，“%ld”是将对应数据以长整型带符号十进制形式输出。

(2)printf("%4d\n",12)语句中，“%4d”是指以十进制形式输出对应数据且最小宽度为 4，因为该对应数据为 12，数据宽度不足 4，所以在输出时数据左侧添加两个空格输出。

(3)printf("%4.2f\n ",12.345)语句中,"%4.2f"是将对应数据以小数形式输出,4 表示输出最小宽度,2 表示输出 2 位小数,故在输出时可见对应数小数位数变为 2 位。

(4)printf("%-10s\n","good")语句中,"%-10s"是将对应数据以字符串形式输出,"-"代表输出时左对齐,"10"代表输出最小宽度 10,因该数据宽度为 4,故输出时右侧位置用空格代替。

程序运行结果:

在使用 printf 函数进行格式输出时,应注意:C 语言本身不提供输入输出语句,输入输出操作由 C 标准函数库实现。在使用时,需要在文件的开头用预处理指令 #include 把相关头文件放在程序中,标准输入输出库函数相关的头文件为"stdio.h",编程时需要将预处理指令放在程序文件的开头。可写为

```
#include <stdio.h>
```

或

```
#include "stdio.h"
```

以上两种引用方式中,尖括号方式称为标准方式,即编译系统在其存放子目录中寻找该文件;当用双引号方式时,编译系统先在用户目录中寻找该文件,如果找不到再到编译系统存放子目录中寻找该文件。因此,如果头文件在 C 标准函数库中,则使用尖括号方式引用文件即标准方式,效率较高。

2. scanf 格式输入函数

与格式输出函数相对应,要将指定格式数据以指定格式接收进程序中以便计算机对其进行相关处理,就需要用到 scanf 格式输入函数。其一般格式如下:

scanf(格式控制,地址列表)

scanf 函数主要包括两部分:

(1)格式控制部分与 printf 函数相同。

(2)地址列表部分定义接收输入数据变量的地址。例,scanf("%d",&age),其中 &age 就是获取 age 变量的地址值,变量前加符号"&"表示取出该变量的地址值。

表 2-9 和表 2-10 分别列出 scanf 函数的格式字符和附加格式。

表 2-9 scanf 函数格式字符

格式字符	说 明	举 例
%d,%i	以带符号的十进制形式输入整数	scanf("%d",&x)
%o	以八进制无符号形式输入整数	scanf("%o",&x)
%x,%X	以十六进制无符号形式输入整数	scanf("%x",&x)
%u	以无符号十进制形式输入整数	scanf("%u",&x)
%c	以字符形式输入一个字符	scanf("%c",&x)
%s	输入字符串	scanf("%s",&x)
%f	以小数或指数形式输入实数	scanf("%f",&x)
%e,%E	与%f 相同	scanf("%e",&x)
%g,%G	与%f 相同	scanf("%g",&x)

表 2-10　scanf 函数附加格式字符

字　符	说　明	举　例
l(字母)	用于长整型数，可用于%d、%o、%x、%u 前或 double 型数据%f、%e 前	scanf("%ld",&x)
h	用于短整型数据，可用于%d、%o、%x 前	scanf("%hd",&x)
n(正整数)	制定输入数据所占宽度	scanf("%4f",&x)
*	表示该输入项在读入后不赋值予对应变量	scanf("%*d",&x);

当使用 scanf 函数格式输入数据时，应注意以下几点：

(1)与 printf 函数一样，使用 scanf 函数进行格式输入时需要在文件的开头用预处理指令#include 把相关头文件放在程序中，标准输入输出库函数相关的头文件为“stdio.h”，编程时需要将预处理指令放在程序文件的开头。

(2)当使用 scanf 函数时，地址列表部分必须是变量的地址，不允许访问变量标识符。

(3)如果在格式控制字符串中除了格式声明外还有其他字符，则在输入数据时对应位置应输入同样字符。

例如以下程序：

```
#include<stdio.h>
int main()
{
    int x;
    scanf("x=%d",&x);
    printf("x 值为:%d\n",x);
    return 0;
}
```

程序执行结果：

```
x=120
x值为: 120
```

程序说明：

因 scanf 格式输入函数中格式字符串“x=%d”中包含“x=”字符串，故在进行数据输入时必须输入该字符串后再输入实际数据，方可使程序获取正确的输入数据。

(4)在使用“%c”格式输入字符时，空格字符和转义字符制表符的字符都作为有效字符输入。

(5)当使用 scanf 函数输入多个数据分别保存到多个变量中时，需要使用空白字符分隔输入的数据。空白字符包括空格、换行、制表符。

3. 字符与字符串的输入输出

在使用程序解决实际问题时，经常会遇到两类特殊数据的输入与输出，即字符数据和字符串数据。C 语言中的字符数据指单个字符，其常量由单引号引起，字符串数据由单个或多个字符组成，其常量由双引号引起。对于此两类数据，C 语言提供了更为简便的输入输出函数。

(1)字符数据的输入与输出。字符数据的输出函数 putchar，其作用就是由程序向显示器输出一个字符。其一般形式为

putchar(int ch)

其中,参数 ch 就是需要向显示器输出的一个字符。

例如 putchar('A')可以向显示器输出一个字符 A。另外,也可以使用转义字符输出字符'A',putchar('\101')。

字符数据的输入需要使用 getchar 函数,其功能为从输入设备接收一个字符。其一般形式为

int getchar()

例如 char sex = getchar(),程序执行到该语句会在输入设备接收用户输入的一个字符并将该字符赋予变量 sex。

当使用字符数据输入 getchar 函数和输出 putchar 函数时,应注意以下几点:

1)与 printf 函数与 scanf 函数相同,使用字符数据输入、输出函数时需要在文件的开头用预处理指令 # include 把相关头文件放在程序中,标准输入输出库函数相关的头文件为"stdio. h",编程时需要将预处理指令放在程序文件的开头。

2)字符输出 putchar 函数一次仅能输出一个字符,如果需要输出字符串则需多次调用该函数。

3)字符输入 getchar 函数一次只能接收一个字符,此函数不仅能接收一个可显示的字符,也可以获取屏幕上无法显示的字符,如控制字符。

4)在进行键盘输入时,只有当按下 Enter 键,系统才会把缓冲器中输入的所有字符一起输入计算机。

例 2.11 编程实现从键盘输入任意一个小写字母,程序输出该字母对应的大写字母。

解 由题目可知,定义两个字符变量,分别存放从键盘输入的小写字母及计算得到的对应大写字母,再根据大小写对应字母 ASCII 码值相差 32 计算输入的小写字母对应的大写字母的 ASCII 值,然后按字符输出。

程序代码:

```
#include<stdio.h>
int main(){
      char ch1,ch2;        //声明字符变量 ch1、ch2
      /* 使用字符输入函数获取输入字符并存放于变量 ch1 */
   ch1 = getchar();
      /* 根据大小写对应字母 ASCII 码值相差 32 计算输入的小写字母对应的大写字母的 ASCII 值 */
      ch2 = ch1-32;
      putchar(ch2);//使用字符输出函数输出变量 ch2 值对应的字母
      return 0;
}
```

程序执行结果:

```
d
D
```

(2)字符串的输入输出。通过对字符数据输入、输出函数的学习不难发现,当程序需要输入或输出字符串数据时,使用字符数据的输入、输出函数较为复杂。C 语言专门提供了针对字符串进行输入和输出的函数。

字符串的输出可使用 puts 函数,其功能就是将一个字符串输出到输出终端(显示屏)。其

一般格式如下：

```
int puts(char * str)
```

其中，函数参数部分为一个字符指针类型数据，代表需要输出的字符串的首地址。此处也可以直接输出字符串常量。

字符串的输入可使用 gets 函数，其功能就是接收输入终端（键盘）输入的字符串存放在形式参数变量中。其一般格式如下：

```
char * gets(char * str)
```

其中，函数参数部分为一个字符指针变量，用于存放输入的字符串。

在使用字符串输入、输出函数时，应注意以下几点：

1）与字符数据的输入输出函数相同，使用字符串输入、输出函数时需要在文件的开头用预处理指令 #include 把相关头文件放在程序中，标准输入输出库函数相关的头文件为"stdio.h"，编程时需要将预处理指令放在程序文件的开头。

2）编译器会自动在字符串末尾添加结尾符"\0"，因此使用 puts 函数输出字符串之后会自动进行换行操作。

3）当使用 gets 函数进行字符串的接收时，需要在接收前定义好可以存放字符串数据的变量，在 C 语言中字符串通常存放在字符数组里。

4）在程序调用 gets 函数进行字符串的输入时，程序会等待用户输入字符且当用户输入完毕后按下 Enter 键时，用户输入的字符串由程序接收完毕。

例 2.12　编程实现从键盘接收用户输入的一个字符串，然后将该字符串输出。

解　由题目可知，定义一个存放字符串的一维字符数组，使用 gets 函数将用户输入的字符串存放于该一维数组中，再使用 puts 函数将该字符串输出。

程序代码：

```
#include<stdio.h>
int main(){
    char string[20];          //定义存放读取字符串的字符数组
    gets(string);             //将用户输入的字符串存放在字符数组中
    puts("您输入的是：");
    puts(string);             //将字符数组中存放的字符串输出
    return 0;
}
```

程序执行结果：

```
Iam a student!
您输入的是：
Iam a student!
```

2.5.3　赋值语句

将一个数值赋予一个变量需要用到赋值运算符"＝"。例如，age＝18，就是将数值 18 赋予变量 age。除此以外，在赋值符之前加上其他运算符就构成了复合的赋值运算符，例如，age＋＝18，"＋＝"就是复合的赋值运算符，其等价于 age ＝ age ＋18。再例，num * ＝price＋2 等价于 num ＝ num *（price＋2）。

由赋值运算符将一个变量与一个表达式连接起来符合语法规则的式子就是赋值表达式。其一般形式如下：

变量赋值运算符表达式；

赋值表达式的功能就是将赋值运算符右侧表达式的值赋予其左侧的变量。

例如 sum = num * price 就是一个赋值表达式，其功能是将 num 与 price 的乘积值赋予赋值符左侧的变量 sum。

例 2.13 给定程序中函数 fun 的功能是：计算正整数 num 的各位上的数字之积。例如，若输入：252，则输出应该是：20。若输入：202，则输出应该是：0。请改正程序中的错误，使它能得出正确的结果。

注意：不要改动 main 函数，不得增行或删行，也不得更改程序的结构！

给定源程序：

```
#include <stdio.h>
long fun (long num)
{
/************found************/
  long k;
  do
  {
      k *=num%10 ;
/************found************/
      num\=10 ;
} while(num) ;
    return  (k) ;
}
main( )
{
    long n ;
    printf("\nPlease enter a number:") ;  scanf("%ld",&n) ;
    printf("\n%ld\n",fun(n)) ;
}
```

解 根据题目要求及错误位置提示，fun 函数中主要存在以下问题：

(1)根据复合的赋值语句学习，代码 k *=num%10 可等价于 k=k *(num%10)，该语句功能为取出 num 整型变量最低位数。通过分析可知，由于变量 k 在定义时没有赋初值，k 为一个随机数，故该语句无法完成语句功能。根据试题要求，k 应赋初值为 1。

(2)同理，代码 num\=10 功能为将整数 num 除以 10 并取整，此处运算符号“\”应为除法运算符“/”，故此处代码应改为 num/=10，等价于 num=num/10。

修改后 fun 函数代码如下：

```
long fun (long num)
{
/************found************/
    long k = 1;
```

```
    do
    {
        k * =num%10 ;
/* * * * * * * * * * * * * found * * * * * * * * * * * * */
        num/=10 ;
  } while(num) ;
      return  (k) ;
  }
```

程序执行结果：

```
Please enter a number:252
20
```

在使用赋值运算符连接组成赋值表达式时，需要注意以下几点：

（1）二目运算符均可与赋值符一起组成复合的赋值运算符。使用复合的赋值运算符可简化程序、提高编程效率。

（2）赋值表达式具有计算和赋值两重功能。即先对赋值符右侧表达式进行计算，再将计算结果赋予赋值符左侧的变量。

（3）赋值符左侧应为值可修改的量。

（4）赋值运算符的结合性为自右向左结合。

（5）务必要区分开赋值符“=”和关系运算符中等于运算符“==”。

（6）在变量赋初值时，若有多个变量同时赋相同初值，必须分别赋初值，不允许使用赋值表达式同时赋初值。

例如程序中有语句：

```
int  x=y=z=20;
```

是不允许的，需要改写为

```
int x = 20, y = 20, z = 20;
```

（7）在变量赋值时，将短的数值类型值赋予较长数值类型变量时，系统自动将短数据类型值转换成长数值类型后再赋值，即自动类型转换。例有 int 类型变量 x，其值为 20，将 x 变量值赋予 float 类型变量 y 时，系统会将 20 先转换成 float 类型数据再将其赋予变量 y。这一过程由系统自动完成。还有另外一种情况，将长数据类型值赋予短数据类型，此时因为长数据类型数据被截断后才能放入短类型变量的存储空间中，编译系统会提示存在错误，可能会导致数据溢出，此时若编程人员还需要这样赋值就必须采取强制类型转换。

例如语句：

```
float pi = 3.1415;
int x = pi;
```

将 float 型数据 pi 值赋予 int 型变量 x，会产生数据溢出，故确需如此赋值需将该行代码改为 int x = (int)pi。

2.5.4　C 语句规范

使用 C 语句编写程序时，应遵循以下规范：

(1)文件名标识符首字母和后面连接的每个单词首字母均大写,无特殊情况文件扩展名小写。例,文件名 StuNumber.txt。

(2)代码列宽控制在80字符左右,如若超出则一般在代码中逗号后换行或在操作符前换行。

(3)代码编写中每行应缩进4个空格。

(4)代码书写时,每行最多包含一个语句。

(5)复合语句书写时,子语句要缩进,左花括号"{"在复合语句父语句的下一行并与之对齐,单独成行;即使只有一条子语句建议也不要省略花括号"{}"。

学 习 检 测

一、选择题

1.下列C语言用户标识符中合法的是(　　)。

A. 3ax　　B. x　　C. case　　D. -e2　　E. union

2.C语言中的简单数据类型包括(　　)。

A. 整型、实型、逻辑型　　B. 整型、实型、逻辑型、字符型

C. 整型、字符型、逻辑型　　D. 整型、实型、字符型

3.在C语言程序中,表达式5%2的结果是(　　)。

A. 2.5　　B. 2　　C. 1　　D. 3

4.C语言中,关系表达式和逻辑表达式的值是(　　)。

A. 0　　B. 0或1　　C. 1　　D. T或F

5.设整型变量a=2,则执行下列语句后,浮点型变量b的值不为0.5的是(　　)。

A. b=1.0/a　　B. b=(float)(1/a)

C. b=1/(float)a　　D. b=1/(a*1.0)

二、填空题

1.C语言表达式!(3<6)||(4<9)的值是________。

2.已知i=5,写出语句i*=i+1;执行后整型变量i的值是________。

3.下面程序段的运行结果为________。

```
x=2;
do
{
   printf("*");
   x--;
 }while(!x==0);
```

4.该源程序执行后,屏幕上显示________。

```
void main()
{
   int a;
   float b;
```

```
    a=4;
    b=9.5;
    printf("a=%d,b=%4.2f\n",a,b);
  }
```

5. 若有以下说明和语句，则输出结果是________。

```
  char str[]="\"c:\\abc.dat\"";
    printf("%s",str);
```

三、改错题

1. 给定程序 MODI.C 的功能：输出 100～200 之间既不能被 3 整除也不能被 7 整除的整数并统计这些整数的个数，要求每行输出 8 个数。请改正程序中的错误，使它能得出正确的结果。

给定源程序：

```
  #include <stdio.h>
  #include <conio.h>
  #include <stdlib.h>
  #include <math.h>
  void main()
  {
    int i;
    /*************found*************/
    int n;
    for(i=100;i<=200;i++)
    {
    /*************found*************/
      if(i%3==0&&i%7==0)
      { if(n%8==0) printf("\n");
        printf("%6d",i);
        n++;
      }
    }
    printf("\nNumbers are: %d\n",n);
  }
```

2. 给定程序 MODI.C 的功能：学习优良奖的条件如下：所考 5 门课的总成绩在 450 分(含)以上；或者每门课都在 88 分(含)以上。输入某学生 5 门课的考试成绩，输出是否够学习优良奖的条件。请改正程序中的错误，使它能得出正确的结果。

给定源程序：

```
  #include <stdio.h>
  main()
  {
    int score,sum=0;
    int i,n=0;
```

```
  for(i=1;i<=5;i++)
  { scanf("%d",&score);
    sum+=score;
/************found************/
    if(score<=88) n++;
  }
/************found************/
  if(sum>=450 && n==5 )
    printf("The student is very  good! \n");
  else
    printf("The student is not very good! \n");
}
```

四、编程题

编程完成函数 fun,使其具有如下功能:

将两个两位数的正整数 a、b 合并形成一个整数放在 c 中。合并的方式是:将 a 数的十位和个位数依次放在 c 数的千位和十位上, b 数的十位和个位数依次放在 c 数的百位和个位上。

例如,当 $a=45$,$b=12$ 时,调用该函数后,$c=4\ 152$。

注意:部分源程序存在文件 PROG1.C 中。数据文件 IN.DAT 中的数据不得修改。请勿改动主函数 main 和其他函数中的任何内容,仅在函数 fun 的花括号中填入你编写的若干语句。

给定源程序:

```
#include <stdio.h>
void fun(int a, int b, long *c)
{


}
main()
{
    int a,b; long c;
    printf("Input a, b:");
    scanf("%d,%d", &a, &b);
    fun(a, b, &c);
    printf("The result is: %d\n", c);
}
```

第3章　顺序结构程序设计

问题引入

(1)计算机语言只是一种工具。仅学习语言的规则还不够,最重要的是学会针对各种类型的问题,拟定出有效的解决方法和步骤,即算法。学习程序设计的目的不只是学习某一特定的语言,而且应当学习进行程序设计的一般方法。

(2)通过前两章的学习,我们大体了解了C语言的特点,同时也编写了一些简单的C语言程序,但是我们必须了解程序到底包含哪些内容,才能更好地对实际问题进行解决。数据是需要操作的对象,编程的目的是对数据进行操作加工和处理,也就是算法。因此,掌握了算法就掌握了程序设计的灵魂。

(3)掌握了算法就掌握了程序设计的灵魂,再学习有关的计算机语言的知识,就能够顺利地编写出任何一种语言程序。

知识要点

(1)掌握常见程序设计算法以及算法表示。

(2)结构化程序设计的方法。

(3)顺序结构程序设计。

(4)数据的输入和输出。

3.1　算法——程序的灵魂

3.1.1　算法的概念

在日常生活中,人们处理问题都按一定的步骤。例如考大学就要有这样的步骤:要填报名单,交报名费,拿到准考证,再参加考试,填报志愿,得到录取通知书。这些步骤都按一定的次序,缺一不可,次序错了也不行。广义地说,为解决一个问题而采取的方法和步骤,就称为算法。因此,算法是解决“做什么”和“怎么做”的问题,当然,在本书中,我们关心的只是计算机算法(algorithm),即用计算机求解一个具体问题或执行特定任务的一组有序的操作步骤(或指令)。例如让计算机计算加减乘除、数字的排列组合等。计算机算法可分为数值运算算法和非数值运算算法。目前,计算机在非数值运算方面的应用远远超过了在数值运算方面的应用。

一般来说,我们都希望采用简单的和运算步骤少的方法。先来看以下例子。

例 3.1 求 1×2×3×4×5。运用计算机编程方法实现,这可以有不同的解题方法和步骤。

基本方法:

步骤 1:先求 1×2,得到结果 2。

步骤 2:将步骤 1 得到的乘积 2 乘以 3,得到结果 6。

步骤 3:将 6 再乘以 4,得 24。

步骤 4:将 24 再乘以 5,得 120。

可以看出,这样的算法虽然可以正确地计算出结果,但过程太为烦琐。

改进的算法:

步骤 1:使 $t=1$。

步骤 2:使 $i=2$。

步骤 3:使 $t\times i$,乘积仍然放在变量 t 中,可表示为 $t\times i\rightarrow t$。

步骤 4:使 i 的值+1,即 $i+1\rightarrow i$。

步骤 5:如果 $i\leqslant 5$,返回重新执行步骤 3 以及其后的步骤 4 和步骤 5;否则,算法结束。

如果计算 100!,只需将步骤 5 的"$i\leqslant 5$"改成"$i\leqslant 100$"即可,该算法不仅正确,而且是计算机较好的算法,因为计算机是高速运算的自动机器,实现循环轻而易举。但上述的设计思想不能在计算机上直接运行,只是编制程序代码前对处理思想的一种描述,它的具体实现是在计算机上使用编程语言编写程序进行的。

3.1.2 算法的特性

算法是指解决特定问题的一种方法或有穷步骤的集合。一个有效的算法应该具有以下特点。

(1)有穷性。一个算法包含的操作步骤是有限的,而不能是无限的。如果让计算机执行一个历时 1 000 年才结束的算法,这虽然是有限的,但超过了合理的限度,也不能把他视作有效算法。究竟什么算"合理限度",需要人们的常识去判断。

(2)确定性。算法中的每一步都应该是确定的,而不应当是含糊的、模棱两可的。也就是说,算法每一步都不应当产生歧义。例如 n 被一个整数除,得余数 r,它没有说明 n 被哪些整数除,因此该语句无法执行。

(3)有零个或多个输入。所谓输入是指在执行算法时需要从外界获取到必要的信息。例如,要判断 n 是否为素数,需要输入 n 的值。也可以有两个或多个输入,一个算法也可以没有输入。

(4)有一个或多个输出。算法的目的是为了求解,"解"就是输出。如 1×2×3×4×5,它总会得到一个确定的结果,这个确定的输出也就是该算法的输出,没有输出的算法是没有意义的。

(5)有效性。算法之中的每一步都应当有效地执行,并得到确定的结果。比如,若 $b=0$ 则执行 a/b 是不能有效执行的。

3.1.3　简单算法举例

例 3.2　有 50 个学生，要求将他们之中成绩在 80 分以上者打印出来。设 n 为学生学号，ni 表示第 i 个学生学号；g 表示学生成绩，gi 表示第 i 个学生成绩；则算法可表示如下：

S1：1→i。

S2：如果 $gi \geqslant 80$，则打印 ni 和 gi，否则不打印。

S3：$i+1 \rightarrow i$。

S4：若 $i \leqslant 50$，返回 S2，否则，结束。

例 3.3　判定 2000—2500 年中的每一年是否为闰年，将结果输出。

解　闰年的条件：能被 4 整除，但不能被 100 整除的年份；能被 100 整除，又能被 400 整除的年份。设 y 为被检测的年份，则算法可表示如下：

S1：$2000 \rightarrow y$

S2：若 y 不能被 4 整除，则转到 S5。

S3：若 y 能被 4 整除，不能被 100 整除，则输出 y“是闰年”，然后转到 S6。

S4：若 y 能被 100 整除，又能被 400 整除，输出 y“是闰年”，然后转到 S6。

S5：输出 y“不是闰年”。

S6：$y+1 \rightarrow y$。

S7：当 $y \leqslant 2\ 500$ 时，返回 S2 继续执行，否则，结束。

3.1.4　算法和程序的区别

从算法的特性上看，它在某种意义上和程序非常相似，但又不同。对比这两者可以看出算法侧重于对解决问题的方法描述，即要做些什么；而程序是算法在计算机程序语言中的实现，即具体要去怎样做。因此从严格意义上讲，算法和程序是两个不同的概念。但有时，我们直接把计算机程序看作是算法的一种描述，那么，算法和程序就是一致的了。

3.2　算法的表示

算法的描述有很多种。前文的例子就是用自然语言描述算法，也可以用高级语言（例如 C 语言）程序描述，那也是一种算法描述。以下介绍几种不同的算法描述的方法。

3.2.1　用自然语言表示算法

自然语言就是人们日常使用的语言，用自然语言描述问题，虽然通俗易懂，但文字冗长，容易出现歧义，而且自然语言表示的含义往往不太严格，需要通过上下文才能判断该语句是否正确，比如“王老师对张老师说他的孩子考上了大学”，从这句话中不能判断真实的语意，因此除了很简单的问题，我们一般不用自然语言表示算法。

3.2.2　用流程图表示算法

流程图是用图框来表示各种算法，直观形象，易于理解。美国国家标准化协会 ANSI 规定了一些常用的流程图符号，如图 3－1 所示。

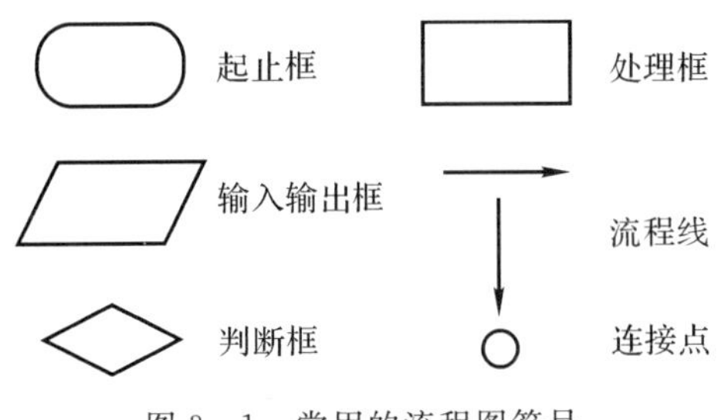

图 3-1　常用的流程图符号

图 3-1 中的菱形框的作用是对一个给定条件进行判断,根据给定的条件是否成立决定如何执行其后的操作;连接点是用于将画在不同地方的流程线连接起来,使得流程图更加清晰。

流程图一般有三种基本结构。

1. 顺序结构

框内是一个顺序结构,其中 A 和 B 两个框是顺序执行的。即:在执行完 A 框所指定的操作后,必然接着执行 B 框内所指定的操作。顺序结构是最简单的一种基本结构,如图 3-2 所示。

2. 选择结构

选择结构又称选取结构或分支结构,此结构必定包含一个判断框,根据指定的条件 P 是否成立而选择执行 A 框或者 B 框。这里面需要注意的是:无论 P 条件是否成立,只能执行 A 框或和 B 框其中之一,不可能既执行 A 框又执行 B 框。无论走那一条路径,在执行完 A 或 B (其中一个可以为空)之后,都经过 b 点,然后脱离本结构,如图 3-3 所示。

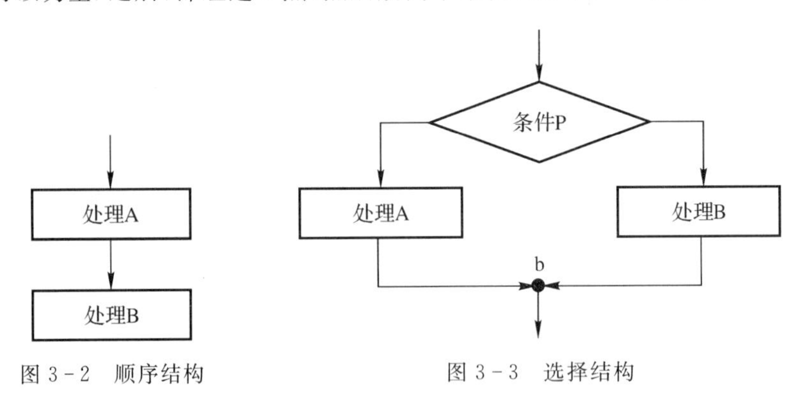

图 3-2　顺序结构　　图 3-3　选择结构

3. 循环结构

循环结构又称重复结构,即反复执行某一部分的操作。有两类循环结构。

(1)当型(while 型)循环结构。当型循环的作用:当给定的条件 P1 成立时,执行 A 框操作,执行完 A 后,再判断条件 P1 是否成立,如果仍然成立,再执行 A 框,如此反复执行 A 框,直到某一次 P1 条件不成立为止,此时不执行 A 框,从而脱离循环结构。

(2)直到型(until 型)循环结构。它的作用是:先执行 A 框,然后判断给定的条件 P2 是否成立,如果 P2 不成立,则再执行 A,然后再对 P2 条件作判断,如果 P2 条件仍不成立,又执行 A,直到给定的 P2 条件成立为止,此时不再执行 A,从 b 点脱离循环结构。

图 3－4 和图 3－5 分别表示了两种循环结构的流程图。

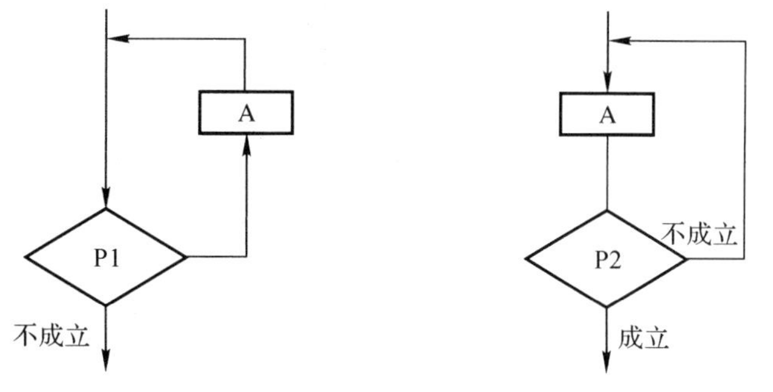

图 3－4　while 型循环结构　　　　图 3－5　until 型循环结构

下面将前文几个算法改写成流程图的形式。

例 3.4　将例 3.3 求闰年的算法用流程图 3－6 表示。

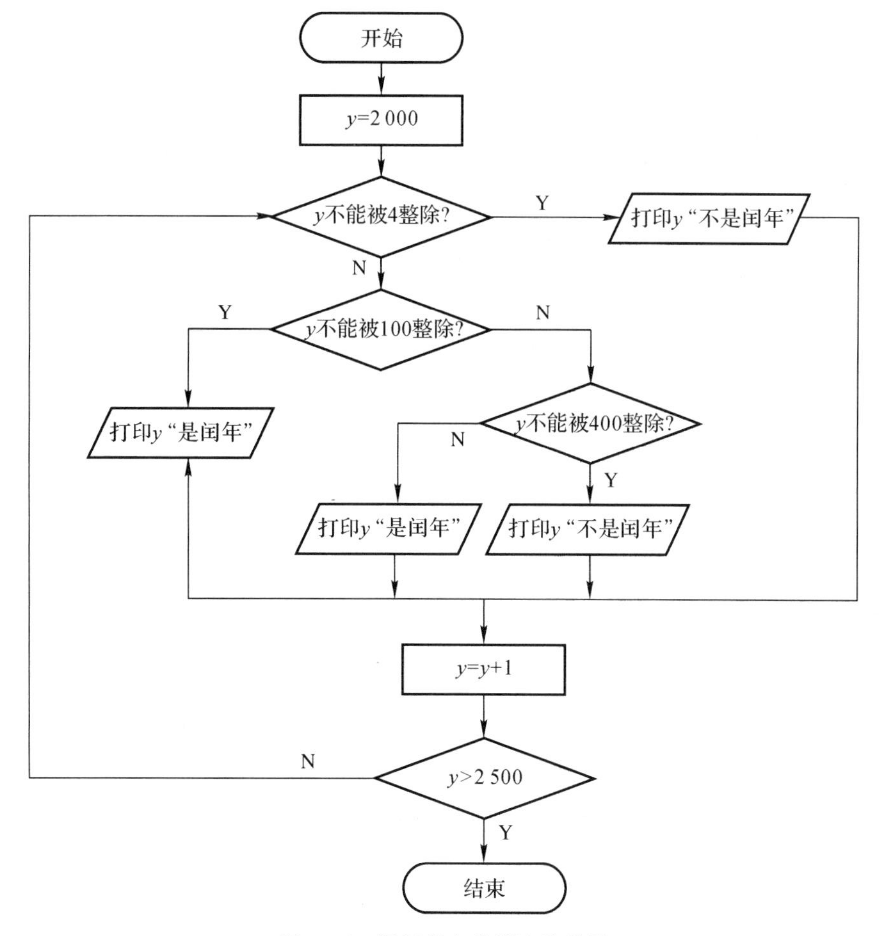

图 3－6　闰年判定的算法流程图

例 3.5　将例 3.1 计算 5！用流程图 3－7 表示。

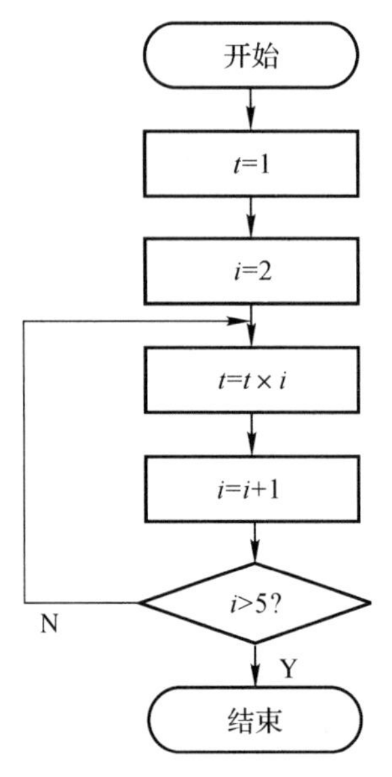

图3-7　5!的算法流程图

3.2.3　用N-S流程图表示算法

1973年美国学者提出了一种新型流程图:N-S流程图。它是一种新的流程图形式,在这种流程图中,完全去掉了带箭头的流程线。全部算法写在一个矩形框内,在该框内可以包含其他从属于它的框。或者说,由一些基本的框组成一个大的框。这种流程图适合于结构化程序设计。它用以下的流程图符号进行表示。

1. 顺序结构

顺序结构如图3-8所示,A和B两个框组成一个顺序结构。

2. 选择结构

选择结构如图3-9所示,当条件P成立时执行A操作,否则执行B操作,

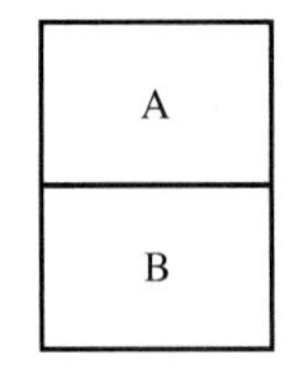

图3-8　顺序结构框图

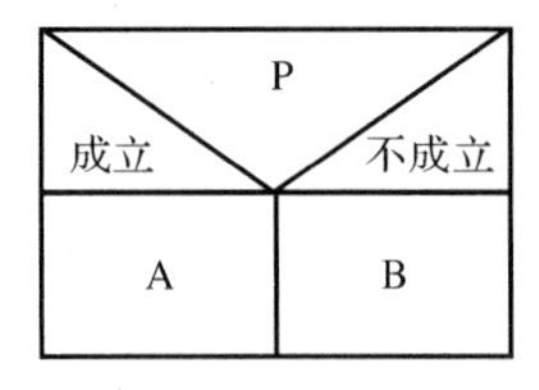

图3-9　选择结构框图

3. 循环结构

当型循环结构如图3-10所示,当P1条件成立时反复执行A操作,直到P1条件不成立为止。直到型循环结构用图3-11表示。

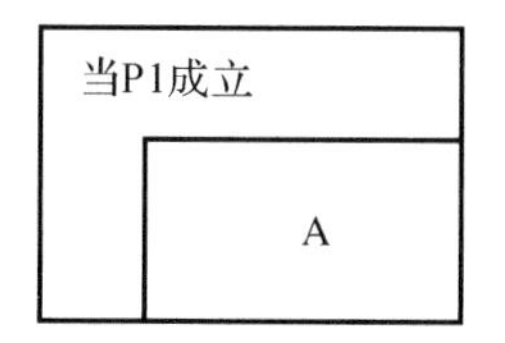

图 3－10　当型循环结构

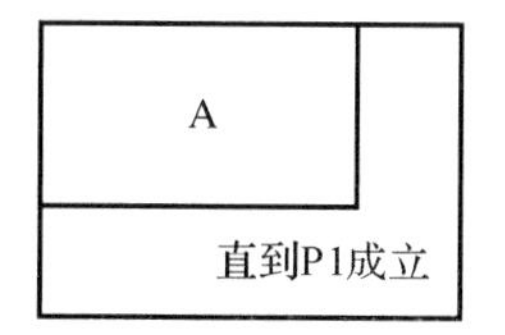

图 3－11　直到型循环结构

例 3.6　将闰年的算法用 N－S 流程图表示，如图 3－12 所示。

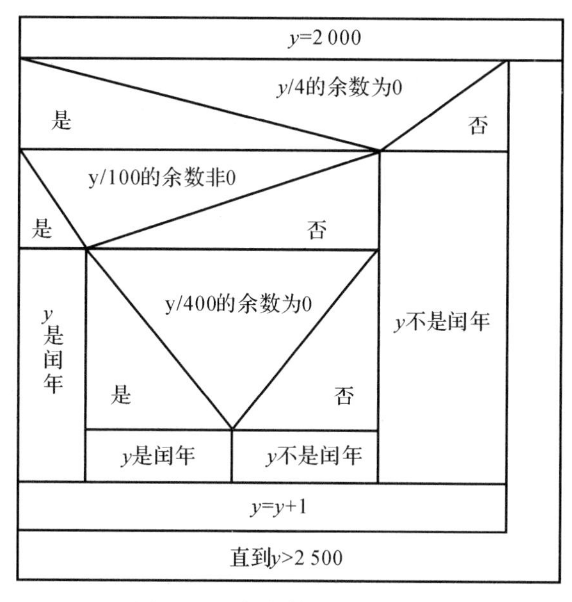

图 3－12　闰年算法的 N－S 图

3.2.4　用伪代码表示算法

使用传统的流程图和 N－S 图表示算法直观易懂，但是画起来比较烦琐，当设计一个算法时，可能要反复修改。因此为了在设计算法时的方便，常用一种称为伪代码的工具。它是一种使用介于自然语言和计算机语言之间的文字和符号，如同写文章一样，自上而下地写下来。

例 3.7　求 $1-\frac{1}{2}+\frac{1}{3}-\frac{1}{4}+\cdots+\frac{1}{99}-\frac{1}{100}$，用伪代码表示：

解

```
begin(算法开始)
1→sum
2→deno
1→sign
While  deno<=100
{
(−1) * sign→sign
sign * 1/deno→term
sum+term→sum
```

deno + 1→deno
}
Print sum
end(算法结束)

从上面的例子可以看出,伪代码的书写格式比较自由,容易表达出设计者的思想,同时,使用伪代码写的算法容易修改,但是伪代码也有缺点,即不如流程图表达的直观,可能会出现逻辑上的错误。

3.2.5 用计算机语言表示算法

要完成一项工作,包括了设计算法和实现算法两部分,我们的任务是用计算机解题,就是用计算机实现算法,计算机是无法识别流程图的,因此使用计算机语言必须严格按照所用语言的语法规则。

例 3.8 求 $1-\frac{1}{2}+\frac{1}{3}-\frac{1}{4}+\cdots+\frac{1}{99}-\frac{1}{100}$ 的值,请用 C 语言表示。

程序代码:

```
#include<stdio.h>
    int main()
    {
      int sign=1;
      doubledeno=2.0,sum=1.0,term;        //定义 deno,sum,term 为双精度型变量
      while(deno<=100)
    {
      sign=-sign;
      term=sign/deno;
      sum=sum+term;
      deno=deno+1;
    }
      printf("%f\n",sum);
      return 0;
    }
```

程序执行结果:

```
0.688172
```

3.3 结构化程序设计方法

前面介绍了结构化的算法和三种基本的结构,一个结构化程序就是用计算机语言表示的结构化算法。用三种基本结构组成的程序必然是结构化的程序,这种程序便于编写、阅读、修改和维护,减少了程序出错的机会,提高了数据的可靠性,保证了数据的质量。

那么给定一个复杂的程序,如何得到一个结构化的程序呢? 我们一般的操作就是把复杂问题分阶段进行设计,把每个阶段处理的问题都控制在人们容易理解和处理的范围内。具体采取以下办法来得到结构化的程序。

(1)自顶而下。

(2)逐步细化。

(3)模块化设计。

(4)结构化编码。

结构化程序整体架构如图 3-13 所示。

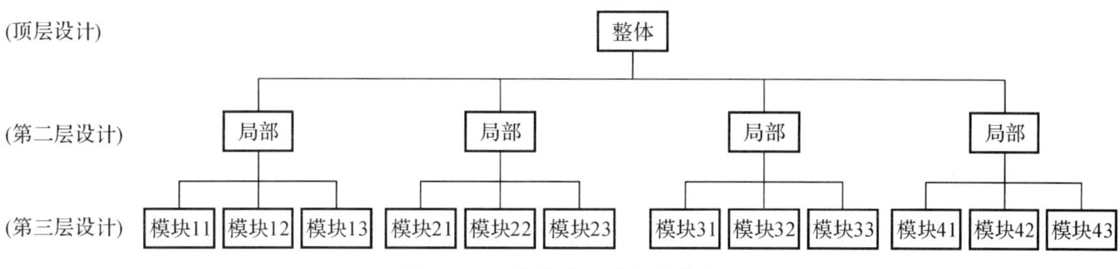

图 3-13　结构化程序整体架构

用这种方法逐步分解,直到每一步都可以表达为语句为止,这种方法就叫作“自顶而下,逐步细化”。这种方法需要确定一个大的程序层级,这个层级下又嵌套新的小层级,最后解决每一个小模块的程序。如此就可以顺利地解决复杂程序。

3.4　顺序结构程序设计

编写顺序结构程序必须具备以下的能力:

(1)要有正确的解题思路,即学会设计算法。

(2)掌握 C 语言的语法,知道怎样使用 C 语言所提供的功能编写出一个完整的、正确的程序。

(3)在写算法和编写程序的时候,要采用结构化的程序设计方法,编写结构化的程序。

先来看一个顺序结构程序的例子:有人用温度计测量出华式法表示的温度,今要求把它转化为以摄氏法表示的温度。根据上述的设计要求,我们先来确定它的解题思路:

(1)这个问题的关键在于找到华式和摄氏的转换公式,通过查询公式,知道以下公式:$c=\frac{5}{9}(f-32)$,其中 f 代表华氏温度,c 代表摄氏温度。

(2)据此画出 N-S 图,如图 3-14 所示。

(3)最后用 C 语言表示该算法:

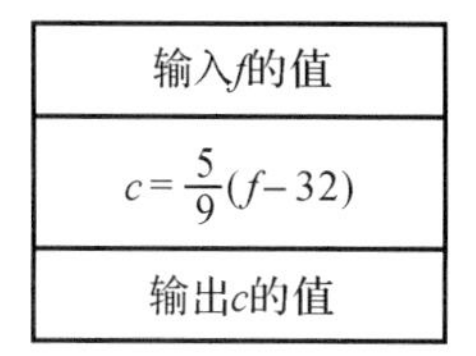

图 3-14　转换公式 N-S 图

```
int main()
{
   float f , c;
   f=64.0;
   c=(5.0/9) * (f-32);
   printf("f=%f\nc=%f\n",f,c);
   system("pause");
   return 0;
}
```

程序运行结果：

```
f=64.000000
c=17.777778
```

3.4.1　C 语言程序结构

C 语言的程序结构可以由若干个源程序文件构成，每个源程序文件可由若干个函数、预处理指令以及全局变量声明部分组成。其组成结构如下图 3-15 所示。

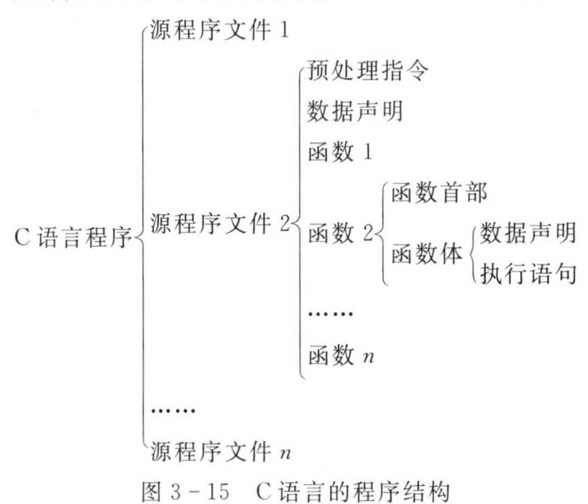

图 3-15　C 语言的程序结构

3.4.2　程序举例

例 3.9　输入三角形的三边长，求三角形面积。

解　已知三角形的三边长 a,b,c，则该三角形的面积公式为

$$area=\sqrt{s(s-a)(s-b)(s-c)}$$

式中 $s=(a+b+c)/2$。

程序代码：

```
int  main()
{
    float a,b,c,s,area;
    scanf("%f,%f,%f",&a,&b,&c);
    s=1.0/2*(a+b+c);
    area=sqrt(s*(s-a)*(s-b)*(s-c));
    printf("a=%7.2f,b=%7.2f,c=%7.2f,s=%7.2f\n",a,b,c,s);
    printf("area=%7.2f\n",area);
}
```

程序执行结果：

```
3.0,4.0,5.0
a=   3.00,b=    4.00,c=    5.00,s=    6.00
area=   6.00
```

例 3.10　从键盘输入一个大写字母，要求改用小写字母输出。

解　首先通过 getchar()函数输入。通常把输入的字符赋予一个字符变量，输入大写字母，并且知道小写字母和大写字母之间的差值为 32。

```
int main()
{
  char c1,c2;
  c1=getchar();           /* 输入大写字符 */
  printf("%c,%d\n",c1,c1);
  c2=c1+32;               /* 转变为小写 */
  printf("%c,%d\n",c2,c2);/* 输出 */
}
```

程序执行结果：

学 习 检 测

一、选择题

1. 下面程序输出的是________。

```
#include<stdio.h>
int  main()
{
int x=10,y=3;
printf("%d\n",y=x/y);
}
```

A. 0　　B. 1　　C. 3　　D. 不确定的值

2. 执行下面程序中的输出语句后，输出结果是________。

```
#include<stdio.h>
int main()
{
    int a;
    printf("%d\n",(a=3*5,a*4,a+5));
}
```

A. 65　　B. 20　　C. 15　　D. 10

3. 以下程序的输出结果是________。

```
#include<stdio.h>
void main()
{
int x=10,y=10;
printf("%d %d\n",x--,--y);
```

```
}
```

A. 10 10　　B. 9 9　　C. 9 10　　D. 10 9

4. 若 x 和 y 都是 int 型变量，$x=100$，$y=200$，且有下面的程序片段：

```
printf("%d",(x,y));
```

其输出结果是________。

A. 200　　B. 100

C. 100 200　　D. 输出格式符不够，输出不确定的值

5. 阅读下面的程序

```
#include<stdio.h>
int main()
{
    char ch;
    scanf("%3c",&ch);
    printf("%c",ch);
    return 0;
}
```

如果从键盘上输入：abc<回车>，则程序的运行结果是________。

A. a　　B. b　　C. c　　D. 程序语法出错

二、填空题

1. 假设变量 a 和 b 均为整型，表达式($a=5,b=2,a>b?\ a++:b++,a+b$)的值是________。

2. C语言的三种基本结构是________结构、选择结构、循环结构

3. 设有如下定义：

```
int x=10,y=3,z;
```

则语句

```
printf("%d\n",z=(x%y,x/y));
```

的输出结果是________。

4. 阅读下面的程序，如果从键盘上输入 1234567<回车>，则程序的运行结果是________。

```
#include<stdio.h>
void main()
{
    int i,j;
    scanf("%3d%2d",&i,&j);
     printf("i=%d,j=%d\n",i,j);
}
```

三、编程题

1. 某工种按小时计算工资，每月劳动时间(小时)×每小时工资=总工资，总工资中扣除10%作为公积金，剩余的为应发工资。编写一个程序，从键盘输入劳动时间和每小时工资，打

印出应发工资。

2. 编写一个程序,求出任意一个输入字符的 ASCII 码

3. 假设银行定期存款的年利率 rate 为 2.25%,并已知存款期为 n 年,存款本金为 capital 元,试编程计算 n 年后可得到本利之和 deposit。

4. 将一个三位数整数,正确分离出它的个位、十位和百位数字,并分别在屏幕上输出。

第 4 章　选择结构程序设计

问题引入

在现实生活中,我们经常都面临着选择,比如:今天天气好就出去游玩,这就是选择,即如果天气好,就出去玩,否则就不出去了。那么我们如何使用选择结构来指挥计算机进行选择呢?这就是本章要解决的问题。

知识要点

(1)if 语句。

(2)选择条件运算符的应用。

(3)选择嵌套。

(4)switch 语句。

4.1　if　语　句

if 语句有三种形式:基本 if 语句、if... else 语句和 if... else if 语句。下面来介绍这三种形式的语法格式和使用。

4.1.1　基本 if 语句形式

基本 if 语句的一般格式为

```
if  <表达式>语句
```

if 后面的表达式为条件,条件成立时执行表达式后面的语句。条件不满足时,越过 if 表达式后面的语句,往下执行。

执行流程图如图 4 - 1 所示。

4.1.2　if... else 语句

if... else 语句的一般格式为

```
if  <表达式>
    语句 1
```

```
else
  语句 2
```

当条件满足时，执行语句 1，然后继续执行 if 以下的语句；条件不满足时，执行语句 2，然后继续执行 if 以下的语句。

执行流程图如图 4－2 所示。

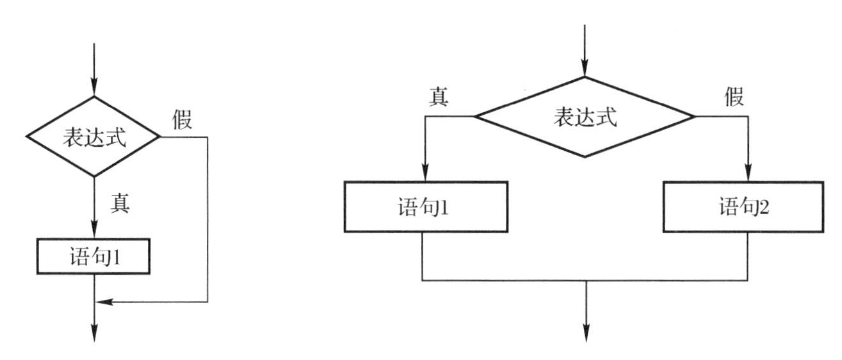

图 4－1　基本 if 语句执行流程图　　　　图 4－2　if...else 语句执行流程图

例 4.1　求三个数中最小值。

解

思路 1：

(1)a 要最小，需要满足的条件是 $a \leqslant b$ 并且 $a \leqslant c$。

(2)b 要最小，需要满足的条件是 $b \leqslant a$ 并且 $b \leqslant c$。

(3)c 要最小，需要满足的条件是 $c \leqslant a$ 并且 $c \leqslant b$。

程序代码：

```
#include "stdio.h"
int main()
{
    int a,b,c,min;
    printf("请输入 3 个整数:\n");
    scanf("%d%d%d",&a,&b,&c);
    if(a<=b&&a<=c)
        min=a;
    if(b<=a&&b<=c)
        min=b;
    if(c<=a&&c<=b)
        min=c;
    printf("最小值为:%d\n",min);
    return 0;
}
```

程序执行结果：

```
请输入3个整数:
34 56 23
最小值为:23
```

思路2:三个数的比较转换为两两比较。

(1)比较 a 和 b,如果 $a \leqslant b$,说明 a 小,将 min $=a$;否则,将 min $=b$。

(2)比较 min 和 c,如果 min $\geqslant c$,说明 c 小,将 min $=c$。

这样就得到了三个整数的最小值,为 min,输出即可。

程序代码:

```
#include "stdio.h"
int main()
{
    int a,b,c,min;
    printf("请输入3个整数:\n");
    scanf("%d,%d,%d",&a,&b,&c);
    if(a<=b&&a<=c)
        min=a;
    if(b<=a&&b<=c)
        min=b;
    if(c<=a&&c<=b)
        min=c;
    printf("最小值为:%d\n",min);
    return 0;
}
```

程序执行结果:

```
请输入3个整数:
31,45,78
最小值为:31
```

4.1.3　if...else if 语句

利用 if 和 else 关键字的组合可以实现 else if 语句,其一般格式为

```
if (表达式1)
    语句1
else if(表达式2)
    语句2
else if(表达式3)
    语句3
else if (表达式4)
    语句4
else
    语句5
```

首先对 if 语句中的表达式1进行判断,如果结果为真,则执行后面紧跟着的语句1;然后跳过 else if 语句和 else 语句,如果结果为假,那么判断 else if 中的表达式2。如果表达式2为真,那么执行语句2,而不会执行后面 else if 的判断或者 else 语句。当所有的判断都不成立,也就是都为假值时,执行 else 后的语句块。

执行流程图如图 4－3 所示。

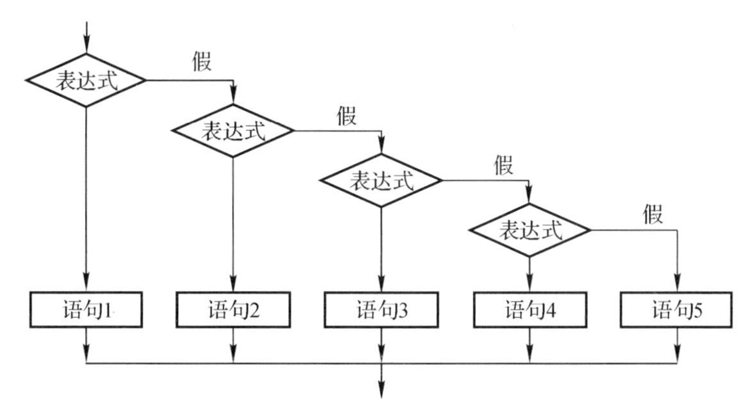

图 4－3　if...else if 语句流程图

例 4.2　要求按照考试成绩的等级输出百分制分数段，A 等为 90 分以上，B 等为 80～89 分，C 等为 70～79 分，D 等为 60～69 分，E 等为 60 分以下。成绩的等级由键盘输入。

解　由题意，设变量 grade 表示等级，如果 grade＝＝'A'，则输出分数段为 90～100；否则如果 grade＝＝'B'，则输出分数段为 80～89；否则如果 grade＝＝'C'，则输出分数段为 70～79；否则如果 grade＝＝'D'，则输出分数段为 60～69；否则如果 grade＝＝'E'，则输出分数段为 60 分以下，否则，从键盘输入的分数为错误分数。程序的 N－S 图如图 4－4 所示。

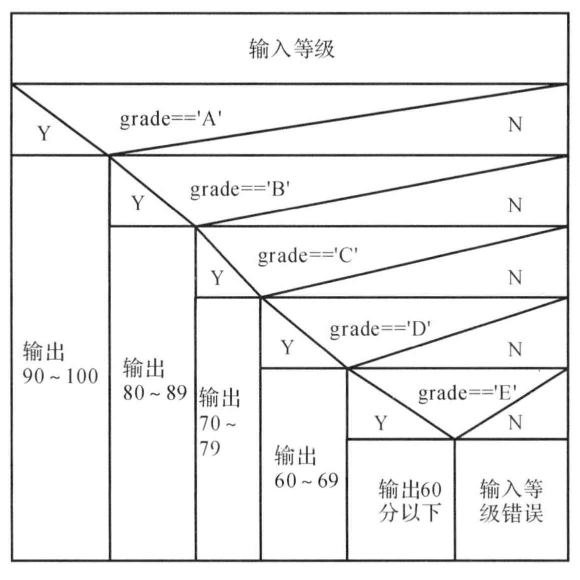

图 4－4　例 4.2 的程序流程图

程序代码：

```
#include "stdio.h"
int main()
{
    char grade;
```

```
    printf("请输入等级 A-E:");              //用输出语句进行提示
    scanf("%c",&grade);                     //从键盘输入等级变量 grade 的值
    if(grade=='A')
        printf("90-100\n");
    else if(grade=='B')
        printf("80-89\n");
    else if(grade=='C')
        printf("79-79\n");
    else if(grade=='D')
        printf("69-69\n");
    else if(grade=='E')
        printf("60 分以下\n");
    else
        printf("输入等级错误! \n");
    return 0;
}
```

程序执行结果:

```
请输入等级A-E: B
80-89
```

例 4.3 输入两个整数,将其按照由小到大的顺序输出。

解 (1)先定义两个整型变量 a、b。

(2)使用输入语句 scanf 从键盘输入两个变量的值。

(3)使用 if 语句对 a、b 变量进行比较,如果 $a>b$,那么变量 a 的值要与变量 b 的值进行交换。两个变量的值进行交换的方法,是解决这道题的关键步骤。大家可以思考一下,a、b 两个变量的值能直接交换吗?比如执行下面的代码:

```
a=b;
b=a;
```

这样能实现两个变量的值交换吗?我们来分析一下,假设 a 变量的值为 5,b 变量的值为 3,先将变量 b 的值赋值给 a 变量,则 a 的值变为 3,然后再执行将变量 a 的值赋值给变量 b,由于 a 的值为 3 而非 5,所以 b 变量的值仍为 3,此时,两个变量的值没有发生交换,而是变成了一样的值,所以不能直接交换。在刚才的过程中,a 变量的值变为 3 的同时,它原来的值 5 就丢失了,可以设一个第三个变量 $t=c$,它的作用是临时保存变量 a 的值,执行如下代码:

```
t=a;
a=b;
b=t;
```

这段代码,在把变量 b 的值赋值给 a 之前,先把变量 a 的值保存到变量 t 中,t 的值为 5,然后再把变量 b 的值赋给变量 a,a 的值为 3,然后把变量 t 的值赋值给变量 b,这样 b 的值就为 5,实现了 a、b 两个变量值的交换。

(4)输出 a、b 变量的值。

程序代码:

```
#include "stdio.h"
```

```
int main()
{
    int a,b,c;
    printf("请输入两个正整数:");
    scanf("%d,%d",&a,&b);
    if(a>=b)
    {
      c=a;
      a=b;
      b=c;
    }
    printf("按从小到大的顺序输出为:%d,%d\n",a,b);
    return 0;
}
```

程序执行结果:

```
请输入两个正整数: 35,21
按从小到大的顺序输出为: 21,35
```

4.2　选择条件运算符的应用

4.2.1　关系运算符的应用

在例题 4.1 的第一个程序中,要比较 a、b 两个变量的大小,用到了关系运算符。关于关系运算符的基本知识,已经在 2.4.2 一节中进行了介绍,下面来看它的具体使用。

例 4.4　假设 $a=3,b=2,c=1$,请判断下列关系表达式的值。

(1)a>b 的值;

(2)(a>b)==c 的值;

(3)b+c<a 的值;

(4)d=a>b 的值。

解　(1)变量 a 的值为 3,变量 b 的值为 2,$a>b$ 成立,结果为真,即为 1。

(2)由于存在(),所以先计算()中的表达式,然后再与变量 c 比较。$a>b$ 成立,值为 1,然后判断表达式 1==c 的值,由于变量 c 的值为 1,所以表达式成立,值为 1。

(3)由于算术运算符的优先级高于关系运算符,所以先计算 $b+c$ 的值,然后再与 a 比较。经过计算 $b+c$ 的值为 3,然后判断表达式 3<a 的值,由于变量 a 的值为 3,所以表达式不成立,值为假,即为 0。

(4)由于关系运算符的优先级高于赋值运算符,所以该表达式先比较变量 a、b 的大小,然后将关系表达式的值赋给变量 d。关系表达式 a>b 成立,值为 1,将 1 赋给变量 d,最后表达式的值为 1。

例 4.5　编程实现从键盘输入两个整数,比较两数大小,并将其中较小的数输出。

解　由题目要求可知,首先定义两个整型变量用以存放从键盘输入的两个整数,再使用关系运算符比较两个整数,将其中较小的数输出即可。

程序代码:

```
#include<stdio.h>
int main()
{
    int x,y;                        /*声明两个整型变量x,y*/
    printf("请输入x和y:\n");
    scanf("%d%d",&x,&y);            /*将从键盘获取的整数存入变量x,y*/
    if(x<=y)                        /*使用关系运算符判断两数*/
        printf("较小的数为:%d\n",x);
    if(x>y)                         /*使用关系运算符判断两数*/
        printf("较小的数为:%d\n",y);
    return 0;
}
```

程序执行结果:

```
请输入x和y:
19 24
较小的数为: 19
```

4.2.2 逻辑运算符的应用

在例4.1中的第二段程序中,使用了a<=b&&a<=c表达式来表示*a*变量是3个变量中值最小的,那么在该表达式中&&就是逻辑运算符,表示逻辑与。关于逻辑运算符的基本知识已在2.4.3中进行了介绍,下面来看逻辑运算符的使用。

例题4.6 请判断下列逻辑表达式的值。

(1)若$a=4$,求!a;

(2)若$a=4,b=5$,求a && b的值;

(3)*a*和*b*值分别为4和5,求a||b的值;

(4)*a*和*b*值分别为4和5,求!a||b的值。

解 (1)变量*a*的值为4,是非零数,对其求逻辑非,即为0。

(2)a&&b即变量*a*和变量*b*进行逻辑与运算,变量*a*的值为4,是非零数,*b*变量的值为5,也为非零数,两个非零数进行逻辑与,结果为1。

(3)a||b是对变量*a*和变量*b*进行逻辑或运算,变量*a*和*b*值分别为4和5,都为非零数,所以结果为1。

(4)!a||b逻辑表达式,先计算!a,然后再与变量*b*进行逻辑或。变量*a*的值为非零数,对其进行逻辑非,值为0,原逻辑表达式简化为0||b,由于*b*为非零数,所以值为1。

4.2.3 多种运算符的混合使用

在选择结构编程中,选择条件经常会同时用到多种运算符,例题4.1的第一段程序代码中的选择条件就同时用到了关系运算符“<=”和逻辑运算符“&&”,下面我们再举一个选择条

件中多种运算符混合使用的经典案例。

例 4.7　编程实现从键盘输入年份，判断该年份是否为闰年，输出计算结果。

解　首先定义整型变量 year 用以存放从键盘输入的年份，判断任意年份是否闰年需满足以下两个条件中的任一个：该年份能被 4 整除且不能被 100 整除；该年份能被 400 整除。使用算术、关系及逻辑运算符将以上条件分别描述为(year%4==0)&&(year%100!=0)；(year%400==0)。根据判断条件即可判断出输入年份是否为闰年。

程序代码：

```
#include<stdio.h>
int main()
{
   int year;                  /*声明变量 year 用以存放输入的年份*/
   printf("请输入年份:\n");
   scanf("%d",&year);  /*将输入的年份存放于 year 变量中*/
   /*用逻辑表达式描述闰年判断 */
   if ((year % 4 == 0 && year % 100 != 0) || (year % 400 == 0))
      printf("%d 年是闰年\n",year);
   else
      printf("%d 年不是闰年\n",year);
   return 0;
}
```

程序执行结果：

```
请输入年份:
2004
2004年是闰年
```

通过对逻辑运算符和表达式的讲解不难发现，在 C 语言程序设计中还存在一类可以存放真或假的变量，该类变量被称为逻辑型变量，其值仅为 true(真)或 false(假)。此类变量的类型关键字为 bool。

例如声明一个逻辑性变量 flag 并给其赋值为假，代码如下：

```
bool flag = false;
```

4.3　条件运算符和条件表达式

用条件运算符"?:"将表达式连接起来组成的表达式，称为条件表达式。条件表达式的一般形式为

　　表达式 1? 表达式 2:表达式 3

那么条件表达式如何在程序中使用呢?

例 4.8　输出两个整数中最大值。

解　设两个数分别为变量 a、b，两个数中找最大数，有两种情况：如果 $a>b$，则最大值为 a，否则最大值为 b。应用 if...else 语句解决该问题。

程序代码：

```
#include  "stdio.h"
int main()
{
    int a=4,b=5,max;
    if(a>b)
      max=a;
    else
      max=b;
    printf("最大值为%d\n",max);
    return 0;
}
```

程序执行结果：

```
最大值为5
```

程序修改说明：以上加粗部分的代码可以使用“?：”条件运算符进行简化，简化后的程序代码为：

```
max=a>b? a:b;
```

在运算中，首先对第1个表达式的值进行检验，如果值为真，返回第2个表达式的结果值；如果值为假，则返回第3个表达式的结果值。例如上面使用条件运算符的代码，首先判断表达式 $a>b$ 是否成立，成立说明结果为真，否则为假。当为真时，将 a 的值赋给 max 变量；如果为假，则将 b 的值赋给 max 变量。

例 4.9 使用条件运算符将大写字母转换为小写字母。

解 先判断输入的字符是否是大写字母，如果是将其转换为小写字母，如果不是，则不转换。使用条件运算符进行编程，条件表达式是 ch>='A'&&ch<='Z'，如果条件成立，则 ch+32 转换为小写字母，如果条件不成立，则仍为 ch。

程序代码：

```
#include  "stdio.h"
int main()
{
    char ch;
    printf("请输入一个字符:");
    scanf("%c",&ch);
    ch=(ch>='A'&&ch<='Z')? ch+32:ch;
    printf("输出字符为:%c\n",ch);
    return 0;
}
```

程序执行结果：

```
请输入一个字符: D
输出字符为:d
```

4.4　选择结构的嵌套

选择结构嵌套，就是在选择结构中再包含选择结构。下面介绍嵌套的具体规则。

例 4.10　使用选择结构的嵌套改写例 4.1 的程序。三个整数求最小值。

解　在例 4.1 的思路 2 的程序中，我们使用了"&&"并且这个逻辑运算符号来解决两个条件同时"满足"的需求。其实还可以使用嵌套的方法来解决这个问题。

```
if(a<=b&&a<=c)
min=a;
```

上面这段代码，我们可以用去"嵌套"的方式写成：

```
if(a<=b)
  if(a<=c)
    min=a;
```

这段代码的意思是：当 a<=b 条件满足的时候，再进一步讨论 *a* 与 *c* 的关系，如果 a<=c 也成立，*a* 为最小值；如果此时 a<=b 成立，但是 a<=c 不成立的话，那就意味着在 *a*、*b*、*c* 之中，*c* 是最小值，代码如下：

```
if(a<=b)
  if(a<=c)
    min=a;
  else
    min=c;
```

如果 a<=b 条件不成立，意味着变量 *b* 小，再进一步讨论 *b* 与 *c* 的关系，如果 b<=c 也成立，*b* 为最小值；否则，*c* 最小。

程序代码：

```
#include  "stdio.h"
int main()
{
    int a,b,c,min;
    printf("请输入 3 个数:");
    scanf("%d,%d,%d",&a,&b,&c);
    if(a<=b)
        if(a<=c)
            min=a;
        else
            min=c;
    else
        if(b<=c)
            min=b;
        else
```

```
            min=c;
        printf("三个数中的最小值为:%d\n",min);
        return 0;
    }
```

程序执行结果:

```
请输入3个数: 5,2,8
三个数中的最小值为: 2
```

程序说明:

在上面的程序中,在if和else中又包含了if语句,这称之为if语句嵌套。那么这么多的if和else,else与哪个if语句进行匹配呢?就需要遵循else的配对原则,也就是else的就近原则,即else跟它上面,离它最近的且还没有配对的if相配对。

由例4.8程序,我们可以总结出选择嵌套的一般形式如下:

第一种形式:

```
if( )
    if( )语句1
    else语句2
else
    if( )语句3
    else语句4
```

第二种形式:

```
if ()
{
    if ()语句1
}
else语句2
```

若if与else的数目不一致,则使用"{ }"来确定配对。

例4.11 从键盘输入x的值,根据分段函数中x的值求解y的值,并输出y的值。

$$y=\begin{cases}1, & x>10\\0, & 0<x\leqslant 10\\-1, & x\leqslant 0\end{cases}$$

解 根据该分段函数,用if语句检查x的值,根据x的值决定赋予y的值,由于y的可能值不是2个而是3个,因此不可能只用一个简单的(无内嵌if)的if语句来实现。

程序代码:

```
#include "stdio.h"
int main()
{
    int x,y;
    printf("请输入x的值:");
```

```
    scanf("%d",&x);
    if(x<=0)
        y=-1;
    else
        if(x<=10)
            y=0;
        else
            y=1;
    printf("y 的值为:%d\n",y);
    return 0;
}
```

程序执行结果:

```
请输入x的值: 20
y的值为: 1
```

4.5 Switch 语句

switch 语句的作用是根据表达式的值,使流程跳转到不同的语句,如图 4-5 所示。

1. switch 语句的一般形式

```
switch(表达式)
{
case 常量 1:语句 1;break;
case 常量 2:语句 2; break;
⋮ ⋮ ⋮
case 常量 n:语句 n; break;
default:语句 n+1;
}
```

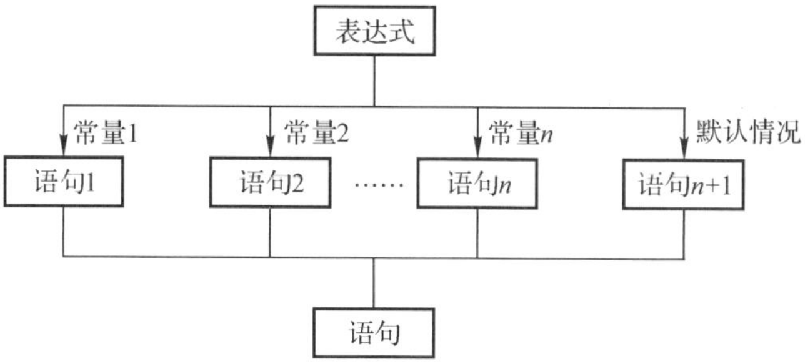

表达式

常量1　常量2　常量n　默认情况

语句1　语句2　……　语句n　语句n+1

语句

图 4-5　switch 流程图

2. switch 语句的执行流程

通过分析图 4-5 可得 switch 语句的一般形式:首先计算 switch 后面括号中的表达式的值,然后将该值依次与 case 后的常量值进行比较,当它们相等时,执行相应 case 后的语句,执行完毕后,可使用 break 语句跳出 switch 语句,如果没有 break 语句,程序将依次执行下面的

case后的语句,直到遇到switch语句的右侧大括号“}”为止。另外default关键字,代表的作用是如果上面没有符合条件的情况,那么执行default后的默认语句。

例4.12 要求使用switch语句按照考试成绩的等级输出百分制分数段,A等为90分以上,B等为80～89分,C等为70～79分,D等为60～69分,E等为60分以下。成绩的等级由键盘输入。

解 判断出本题是一个多分支选择问题,根据百分制分数将学生成绩分为4个等级,如果用if语句,至少要用4层嵌套的if,进行5次检查判断,用switch语句进行一次检查即可得到结果。

程序代码:

```
#include"stdio.h"
int main()
{
    char grade;
    printf("请输入等级A-E:");
    scanf("%c",&grade);
    switch(grade)
    {
    case'A':printf("90－100\n");break;
    case'B':printf("80－89\n");break;
    case'C':printf("70－79\n");break;
    case'D':printf("60－69\n");break;
    case'E':printf("60分以下\n");break;
    default:printf("输入等级错误\n");
    }
    return 0;
}
```

程序执行结果:

```
请输入等级A-E:B
80-89
```

在使用switch语句进行编程时,需注意:

(1)switch语句检验的条件必须是一个整型表达式,即char型或者int型。

(2)case语句检验的值必须是整型常量,而且case语句可以无次序。

(3)如果没有一个case语句后面的值能匹配switch语句的条件,那么就执行default语句后面的代码。要注意的是,其中任何两个case语句都不能使用相同的常量值;并且每一个switch结构只能有一个default语句,而且default可以省略。

(4)在每一个case语句后都有一个break关键字。break语句用来跳出switch结构,不再执行switch下面的代码。

(5)在输入switch语句时,case和后面的常量之间有空格。常量后面有冒号,常量的类型应与switch后面表达式的类型一致。

例 4.13　补充完善例 4.12 的功能。要求从键盘输入大写或者小写的等级，都可以输出对应的分数段。

解　要在例 4.12 的程序基础上，补充等级变量 grade 的值也可以为小写字母，那么程序可以这样吗？请看下列代码：

```
#include"stdio.h"
int main()
{
    char grade;
    printf("请输入等级 A-E：");
    scanf("%c",&grade);
    switch(grade)
    {
    case'A'||'a':printf("90—100\n");break;
    case'B'||'b':printf("80—89\n");break;
    case'C'||'c':printf("70—79\n");break;
    case'D'||'d': printf("60—69\n");break;
    case'E'||'e':printf("60 分以下\n");break;
    default:printf("输入等级错误\n");
    }
    return 0;
}
```

当运行程序时，会发现出现如图 4-6 所示的错误，分析如下：程序中的第 10 行代码到 13 行代码的错误提示是 case 值 1 已经被使用。首先 case 后面能不能出现常量表达式，在 C 语言中是允许的，那么为什么会出现错误提示呢？那是因为'A'||'a'这种常量表达式的值恒为 1，与 switch 后面表达式的 char 类型值不一致，并且第 10 行到第 13 行，case 后面的值也恒为 1，这样 case 后面就出现了相同值的情况，这在 switch 语句中是不允许的。因此在运行程序时会出现图 4-6 中的报错提示。

```
--------------------Configuration: 4.10-2 - Win32 Debug--------------------
Compiling...
4.10-2.c
e:\c程序\4.10-2.c(10) : error C2196: case value '1' already used
e:\c程序\4.10-2.c(11) : error C2196: case value '1' already used
e:\c程序\4.10-2.c(12) : error C2196: case value '1' already used
e:\c程序\4.10-2.c(13) : error C2196: case value '1' already used
执行 cl.exe 时出错.

4.10-2.exe - 1 error(s), 0 warning(s)
```

图 4-6　例 4.13 程序执行结果错误提示

解决前述问题可用如下程序代码：

```
#include "stdio.h"
int main()
```

```
{
    char grade;
    printf("请输入等级 A-E: ");
    scanf("%c",&grade);
    switch(grade)
    {
    case'a':
    case'A':printf("90—100\n");break;
    case'b':
    case'B':printf("80—89\n");break;
    case'c':
    case'C':printf("70—79\n");break;
    case'd':
    case'D':printf("60—69\n");break;
    case'e':
    case'E':printf("60 分以下\n");break;
    default:printf("输入等级错误\n");
    }
    return 0;
}
```

程序执行结果 1:

```
请输入等级A-E:B
80-89
```

程序执行结果 2:

```
请输入等级A-E:b
80-89
```

程序说明:

在以上代码中,当从键盘输入小写字母 b 时,由于 case 'b'后面没有执行语句和 break 语句,所以程序继续执行下一个 case 语句,也就是 case 'B'后面的语句。这样就实现了从键盘输入大写或者小写字母都可以输出分数段的功能。

4.6 应用举例

例 4.14 输入 3 个整数,按照从大到小的顺序输出。

解 这道题要比例 4.3 复杂一些,但是解题的方法和思路是一样的。3 个数的排序,其实还是 2 个数的比较,只不过需要比较多次。

(1)定义 4 个整型变量 a,b,c,d。

(2)使用 scanf 语句从键盘输入 3 个变量 a,b,c 的值。

(3)如果 $a<b$,则 a 与 b 的值进行交换;

如果 $a<c$，则 a 与 c 的值进行交换；

如果 $b<c$，则 b 与 c 的值进行交换。

(4)输出变量 a、b、c 的值。

程序代码：

```
#include "stdio.h"
int main()
{
    int a,b,c,d;
    printf("请输入三个整数:");
    scanf("%d,%d,%d",&a,&b,&c);
    if(a<b)                    //借助变量 d,实现 a、b 变量值的互换
    {
        d=a;
        a=b;
        b=d;
    }
    if(a<c)                    //借助变量 d,实现 a、c 变量值的互换
    {
        d=a;
        a=c;
        c=d;
    }
    if(b<c)                    //借助变量 d,实现 b、c 变量值的互换
    {
        d=b;
        b=c;
        c=d;
    }
    printf("三个整数按由大到小的顺序输出为:%d,%d,%d\n",a,b,c);
    return 0;
}
```

程序执行结果：

```
请输入三个整数: 5,45,32
三个整数按由大到小的顺序输出为: 45,32,5
```

例 4.15　某商场进行打折促销活动，消费金额(p)越高，优惠折扣(d)越大，标准如下：

消费金额折扣	
$p<500$	0%
$500\leqslant p<2\ 000$	5%
$2\ 000\leqslant p<5\ 000$	10%
$p\geqslant 5\ 000$	15%

请用编程实现，输出折扣和实付金额。

解　消费金额为 p1，折扣为 d，实付金额为 p2，则实付金额的计算公式为 p2＝p1＊(1－

d)。根据本题题目，发现折扣的变化是有规律的，折扣点的变化都是 500 的倍数(500，2 000，5 000)，所以定义一个变量 c，c＝p1/500，则规律如下：

c＜1　　　　d＝0；

1≤c＜4　　　d＝0.05；

4≤c＜10　　 d＝0.1；

c≥10　　　　d＝0.15

程序代码：

```
#include "stdio.h"
int main()
{
    int c;
    float p1,p2,d;
    printf("请输入销售金额的值:");          //提示输入数据
    scanf("%f",&p1);                       //输入销售金额
    if(p1>=5000)                           //5000 元以上为同一折扣
      c=10;
    else                                   //5000 元以下，各段折扣不同，c 的值也不同
      c=(int)p1/500;                       //p1/500 表达式的值为 double 类型，强制转
                                           //换为整型
    switch(c)
    {
    case 0:d=0;break;                      //c=0，代表 500 元以下，折扣 d=0
    case 1:
    case 2:
    case 3:d=0.05;break;                   //c=1～3，代表 500 元～2000 元以下，折扣 d=0.05
    case 4:
    case 5:
    case 6:
    case 7:
    case 8:
    case 9: d=0.1;break;                   //c=4～9，代表 2000 元～5000 元以下，折扣 d=0.1
    case 10: d=0.15;break;                 //c=10，代表 5000 元以上，折扣 d=0.15
    }
    p2=p1*(1-d);                           //计算实付金额
    printf("折扣为:%.2f\n",1-d);           //输出折扣，保留 2 位小数
    printf("实付金额为:%.2f\n",p2);        //输出实付金额，保留 2 位小数
    return 0;
}
```

程序执行结果：

```
请输入销售金额的值: 1800
折扣为: 0.95
实付金额为: 1710.00
```

4.7　程序调试与测试

4.6.1　程序测试

在编写完一段程序代码后，能不能得到正确结果，需要对程序实现的功能进行测试。如将例题4.11程序代码进行如下修改，会得到什么样的结果呢？

```
#include "stdio.h"
int main()
{
    int x,y;
    printf("请输入x的值：");
    scanf("%d",&x);
    y=1;
    if(x>0)
        if(x<=10)
          y=0;
        else
          y=-1;
        printf("y的值为：%d\n",y);
        return 0;
}
```

程序执行结果1：

```
请输入x的值：12
y的值为：-1
```

程序执行结果2：

```
请输入x的值：8
y的值为：0
```

程序执行结果3：

```
请输入x的值：-5
y的值为：1
```

程序说明：

例题4.11是一个分段函数，根据变量x的值，y的取值不同，当$x>10$时，y的值为1；$0<x\leqslant 10$时，y的值为0；当$x\leqslant 0$时，y的值为−1。因此在编写好程序，进行调试运行时，需要对程序进行以上三种情况的测试，当都得到正确结果时，才能说明程序实现了相应的功能，否则程序就没有完全实现所要求的功能。如上面的三个运行结果，我们发现只有当变量x的值在$0<x\leqslant 10$时，才得到正确的结果，其余两种情况的结果都是错误的，说明上面程序就没有实现题目要求的功能，需要进一步的修改调试。

4.6.2　程序调试

在调试程序时，我们不用把程序完整地运行一遍，可以通过断点，只调试其中一段程序。比如上例中在 scanf("%d",&x)；和 y=－1；的左侧单击左键，会出现两个红色的圆点，这就是断点，效果如图 4-7 所示。

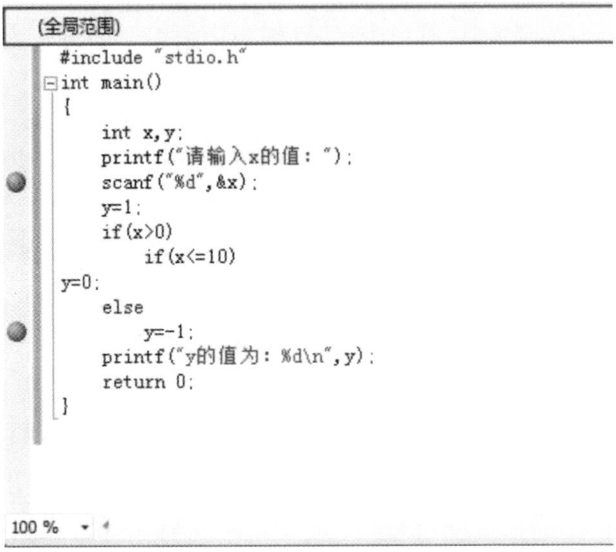

(全局范围)
#include "stdio.h"
int main()
{
int x,y;
printf("请输入x的值：");
scanf("%d",&x);
y=1;
if(x>0)
if(x<=10)
y=0;
else
y=-1;
printf("y的值为：%d\n",y);
return 0;
}
100 %

图 4-7　断点设置

按 F5 快捷键，程序会运行到断点处，有一黄色箭头指向正在运行的语句 scanf("%d",&x)；，如图 4-8 所示，在软件面板的下方看到对应的变量的返回值，如图 4-9 所示，同时出现输入变量 x 值的运行界面，如图 4-10 所示。

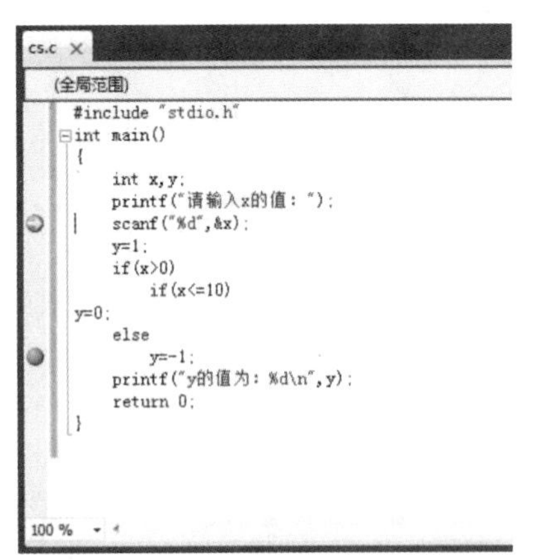

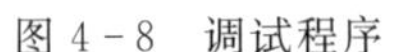

cs.c
(全局范围)
#include "stdio.h"
int main()
{
int x,y;
printf("请输入x的值：");
scanf("%d",&x);
y=1;
if(x>0)
if(x<=10)
y=0;
else
y=-1;
printf("y的值为：%d\n",y);
return 0;
}
100 %

图 4-8　调试程序

自动窗口
名称
值
类型
&x
0x0031f910
x
-858993460
int
y
-858993460
int
自动窗口
局部变量
线程
模块
监视 1

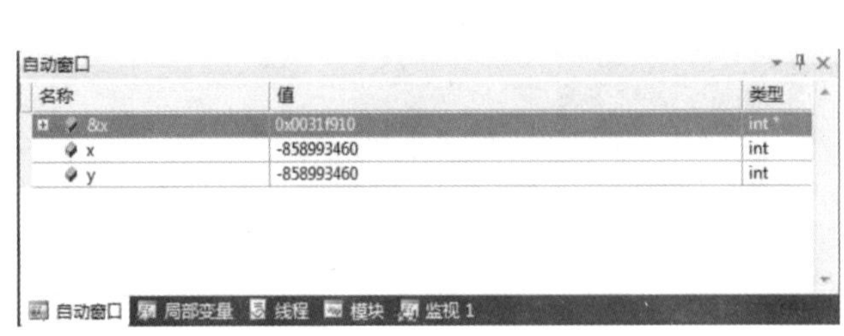

图 4-9　自动窗口

输入 12 后回车，单击逐过程按钮，黄色箭头指向 y=1；语句，x 变量的值为 12，如图4-11所示，再单击逐语句，执行 y=1；语句后，变量 y 的值为 1，如图 4-12 所示，黄色箭头指向下一条语句 if(x>0)，条件成立，继续执行第二个 if 语句 if(x<=10)，该条件不成立，不执行 y=0；语句，按照编程思路，下一步应该输出 *y* 的值，但是当单击逐语句按钮后，发现程序继续执行 else 后的语句，即 *y*=−1，这时变量 *y* 的值由 1 变为了−1，如图 4-13 所示，结果发生了错误。

E:\jccx\cs\Debug\cs.exe
请输入x的值：

图 4-10　输入变量值窗口

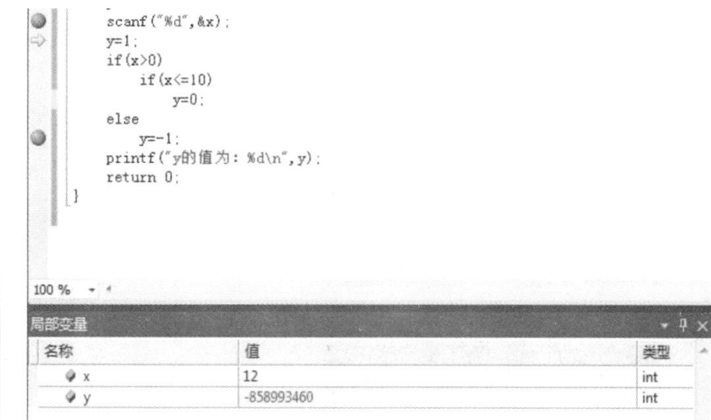

图 4-11　变量 *x* 的值

局部变量

名称	值	类型
x	12	int
y	1	int

图 4-12　变量 *y* 的值

局部变量

名称	值	类型
x	12	int
y	-1	int

图 4-13　变量 *y* 的值改变

通过调试程序，发现 else 本来要否定的是第一个 if 语句 if(x>0)，但是现在否定的是第二个 if 语句 if(x<=10)，造成了结果的错误，根据 else 与 if 的配对原则，现在的程序中的 else 是与第二个 if 进行了配对，而不是第一个 if 语句，为了达到程序的要求，需给第二个 if 语句加{}，才能实现 else 与第一个 if 语句配对的目的。因此程序应修改如下：

```
#include "stdio.h"
int main()
{
    int x,y;
    printf("请输入 x 的值：");
    scanf("%d",&x);
    y=1;
    if(x>0)
        {
```

```
            if(x<=10)
                y=0;
        }
    else
        y=-1;
    printf("y 的值为:%d\n",y);
    return 0;
}
```

程序执行结果 1:

```
请输入x的值: 12
y的值为: 1
```

程序执行结果 2:

```
请输入x的值: 8
y的值为: 0
```

程序执行结果 3:

```
请输入x的值: -5
y的值为: -1
```

对变量 x 分别输入大于 10、0～10 和小于 0 三种情况的值测试程序,都得到了正确结果。

总之,调试是软件开发周期中的一个很重要的部分,对于任何程序来说,调试都是不可缺少的;同样一个程序功能实现的是否正确或者完善,也需要用不同的数据对程序进行测试。因此调试和测试是程序开发过程必不可少的环节。

学 习 检 测

一、选择题

1. 请读程序:

```
#include <stdio.h>
main( )
{
    float x,y;
    scanf("%f",&x);
    if (x<0.0)
        y=0.0;
    else if ((x<5.0) && (x! =2.0))
        y=1.0/(x+2.0);
    else if (x<10.0)
        y=1.0/x;
    else
        y=10.0;
    printf("%f\n",y);
}
```

若运行时从键盘上输入 2.0<CR>(<CR>表示回车),则上面程序的输出结果是(　　)。

A. 0.000000　　B. 0.250000　　C. 0.500000　　D. 1.000000

2. 假定 w、x、y、z、m 均为 int 型变量,有如下程序段:

```
w=1;x=2;y=3;z=4; m=(w<x)? w:x; m=(m<y)? m:y; m=(m<z)? m:z;
```

则该程序段执行后,m 的值是(　　)。

A. 4　　B. 3　　C. 2　　D. 1

3. 运行下面程序时,从键盘输入数据为"2,13,5<CR>",则输出结果是(　　)。

```
#include <stdio.h>
int main( ) {
   int a,b,c;
   scanf("%d,%d,%d",&a,&b,&c);
   switch(a)
   {
       case 1: printf("%d\n",b+c); break;
       case 2: printf("%d\n",b-c); break;
       case 3: printf("%d\n",b * c); break;
       case 4:
           {
               if(c! =0)
               {
                   printf("%d\n",b/c);
                   break;
               }
               else
               {
                   printf("error\n");
                   break;
               }
           }
           default: break;
           }
}
```

A. 10　　B. 8　　C. 65　　D. error

4. 当 $a=1,b=3,c=5,d=4$ 时,执行下面一段程序后,x 的值为(　　)。

```
if (a<b) if (c<d) x=1; else if (a<c) if (b<d) x=2; else x=3; else x=6; else x=7;
```

A. 1　　B. 2　　C. 3　　D. 6

5. 下面程序的输出是(　　)。

```
#include <stdio.h>
int  main( )
{
int a=-1,b=4,k;
k=(a++<=0) && (! (b--<=0));
```

```
printf("%d %d %d\n",k,a,b);
}
```

A. 0 0 3　　B. 0 1 2　　C. 1 0 3　　D. 1 1 2

二、填空题

1. if 语句的三种形式是:________、________、________。
2. if 与 else 的配对原则是:else 总是与它上面最近的________的 if 配对。
3. 设 a=2,b=3,c=5,则表达式 a+b>c&&b==c 的值是________。
4. 设 a=5,b=2,则表达式!(x=a)&&(y=b)&&0 的值是________。
5. C 语言中唯一一个三目运算符是________。

三、分析题

阅读下面两段程序,并分析程序是否能实现大写字母转换为小写字母的功能,如果不能请说出原因,并写出正确的程序。

1.

```
#include "stdio.h"
int main()
{
    char c1,c2;
    scanf("%c",&c1);
    if(c1>='A'&&c1<='Z')
        c2=c1+32;
    else
        printf("%c不是大写字母,不需要转换\n",c1);
    printf("%c的小写字母为%c\n",c1,c2);
    return 0;
}
```

2.

```
#include "stdio.h"
int main()
{
    char c1,c2;
    scanf("%c",&c1);
    if(c1>='A'&&c1<='Z')
      c2=c1+32;
      printf("%c的小写字母为%c\n",c1,c2);
    else
      printf("%c不是大写字母,不需要转换\n",c1);
    return 0;
}
```

四、编程题

1. 有一个函数:

$$y=\begin{cases}x, & (x<1)\\ 2x-1, & (1\leqslant x<10)\\ 3x-11\text{ 同}, & (x\geqslant 10)\end{cases}$$

写出程序,输入 x 的值,输出 y 相应的值。

2. 给出一百分制成绩,要求输出成绩等级 A、B、C、D、E。90 分以上为 A,80～89 分为 B,70～79 分为 C,60～69 分为 D,60 分以下为 E。

3. 请从键盘输入三条边的值,求三角形的面积。

4. 输入 4 个整数,要求按从小到大的顺序输出。

5. 输入一个年份,判断其是否是闰年。

第5章　循环结构

问题引入

(1)顺序结构和选择结构不能够解决日常的复杂任务，还需要用到循环结构。因为日常生活中或是在程序所处理问题中常常遇到需要重复处理的问题。例如：要输入一个班35人综合素质测评成绩，需要重复执行；求100个整数之和的问题；检查50名同学的总成绩是否满足某个条件等问题。

(2)循环结构由循环体中的条件，判断继续执行某个功能还是退出循环。循环结构可以减少源程序重复书写的工作量，用来描述重复执行某段算法的问题，这是程序设计中最能发挥计算机特长的程序结构。循环结构可以看成是一个条件判断语句和一个转向语句的组合。

知识要点

(1)用 while 语句实现循环。

(2)用 do - while 语句实现循环。

(3)用 for 语句实现循环。

(4)循环的嵌套以及 break 和 continue 语句。

5.1　while 语句

while 语句的一般形式为

```
while(表达式)语句;
```

或

```
while(表达式)
{
    语句;
}
```

其中，表达式是循环条件，语句为循环体。

while 语句的执行过程可以用图 5 - 1 描述。首先计算表达式的值，如果表达式的值为“假”(表达式的值等于0)，则退出循环；如果值为“真”(非0)，则执行循环体中的语句。执行完后,再次计算表达式的值,然后根据表达式值的情况决定是退出循环,还是继续执行循环体中的语句。

例 5.1 编写程序,用 while 语句求 $\sum_{n=1}^{100} n$ 。

解 在用程序设计语言求解 1+2+3+…+100 时,问题中隐含了计算中取值的范围是[1,100],当超出这个范围时,运算就结束。所以在设置变量时,除了设置存放计算结果的变量 count 外,还要设置一个循环变量 i 用来存放 1 到 100。流程图如图 5-2 所示。

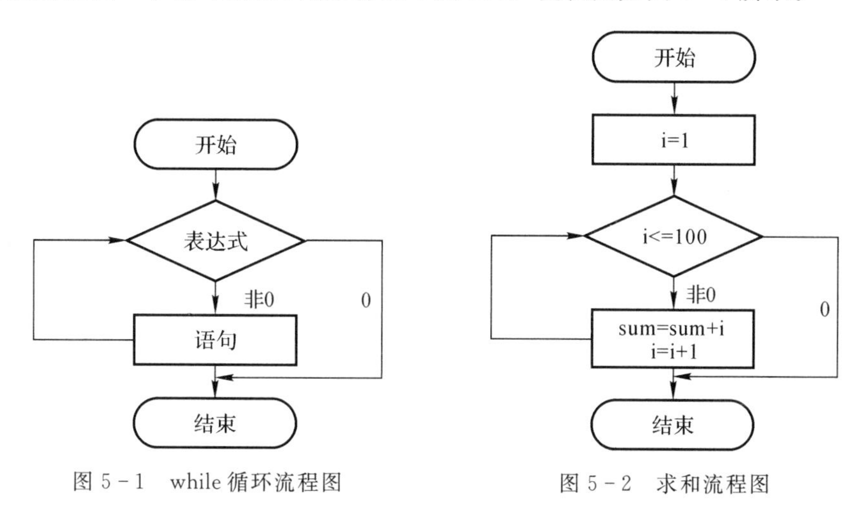

图 5-1 while 循环流程图 图 5-2 求和流程图

程序代码:

```
#include<stdio.h>
int main()
{
   int  i,count;
   i=1;
   count=0;
   while(i<=100)
   {
       /* 循环体部分 */
       count=count +i;
       i++;
   }
   printf("1+2+3+…+100=%d\n",count);
}
```

程序执行结果:

```
1+2+3+…+100=5050
```

程序说明:

在 while 结构中,循环体如果包含一条以上的语句,应该用{ }括起来。否则,while 语句只执行到 while 后面的第一条语句为止。

循环体中必须包含对循环条件有影响的语句,如果没有这样的语句,会形成无限循环(死循环)。例如在上述程序中,循环体中语句 i++就影响着循环条件 i 的值,即每执行一次循环体,*i* 的值增加 1,这保证了执行一定次数后,*i* 的值就会变为 101,此时循环条件中表达式的值为假,结束循环,执行循环语句后边的语句。如果无此语句,则 *i* 的值始终保持不变,循环变成无限循环。

在 C 语言中,循环条件一般是关系表达式、逻辑表达式,或者由关系运算符和逻辑运算符组成的混合表达式。循环条件也可以是 1,如果循环条件为 1 时,整个循环变为死循环。

例如:

```
while(1)
{
    语句;
}
```

循环体中可以是空语句,只有分号,不进行任何操作。

5.2 do-while 语句

1. do-while 语句的一般形式

do-while 语句的一般形式如下:

```
do
{
    语句
}
    while(表达式);
```

可以看出,这个循环与 while 循环的不同在于:它先执行循环中的语句,然后再判断表达式是否为真,如果为真,则继续循环;如果为假,则终止循环。因此,do-while 循环至少要执行一次循环语句。其执行过程如图 5-3 和图 5-4 所示。do 是 C 语言的关键字,必须同 while 联系使用。do-while 循环由 do 开始,用 while 结束,因此 while(表达式)后边的";"不能丢失,它表示 do-while 循环语句的结束。同 while 语句中循环体一样,do 后面可以是一条语句,也可以是多条语句。当为多条语句时,需要用{ }括起来,组成复合语句。

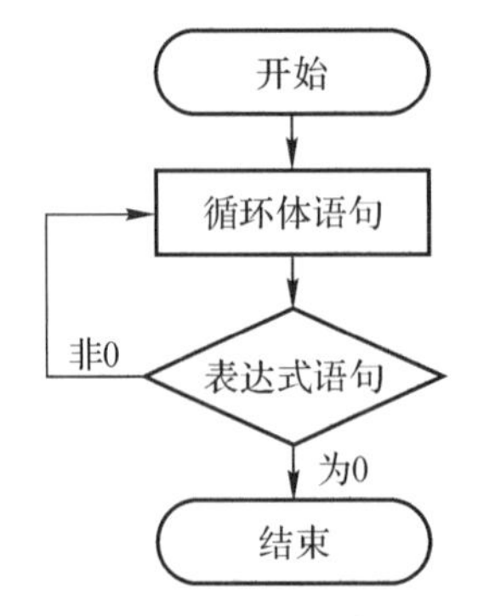

图 5-3 do-while 语句流程图

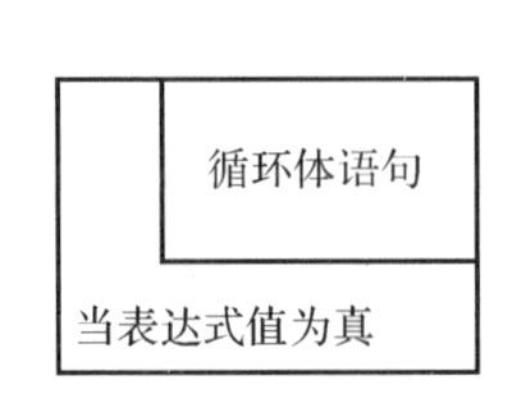

图 5-4 do-while 语句 N-S 图

2. 执行过程

do-while 语句的执行过程可以用图 5－3 表示，首先执行循环体中的语句序列，然后计算 while 后边的表达式，如果表达式的值为“假”(为 0)，则退出循环结构；如果表达式的值为“真”(非 0)，则继续执行循环体，执行后继续计算表达式的值，如此反复，直到表达式的值为假。do-while 语句先执行语句，后判断表达式的值。

例 5.2　用 do-while 语句求 $\sum_{n=1}^{100} n$ 。

解　用传统流程图和 N－S 结构流程图表示算法，如图 5－5 和图 5－6 所示。

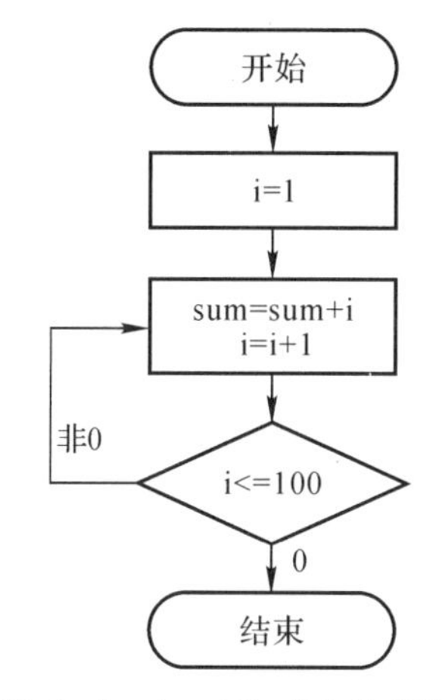

图 5－5　do-while 求和流程图

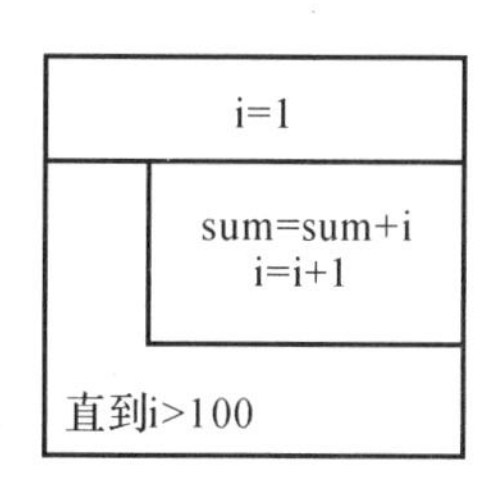

图 5－6　do-while 求和 N－S 图

程序代码：

```
int main()
{
    int i,sum=0;
    i=1;
    do
        {
        sum=sum+i;
        i++;
        }
    while(i<=100);
    printf("%d\n",sum);
    system("pause");
}
```

程序执行结果：

```
1+2+3+…+100=5050
```

程序说明：

同样，当有许多语句参加循环时，要用“{　}”把它们括起来。

3. while 语句和 do-while 语句的区别

与 while 语句需要先判断表达式的值是否为真(非 0)来决定进入循环体不同,do-while 循环语句,先执行一次循环体,然后才计算表达式的值。因此,do-while 循环体中的语句无论表达式的值是否为真(非 0),至少都要执行一次,但 while 循环体中的语句的执行要根据表达式值的结果来决定。

5.3 for 语 句

C 语言中的 for 语句使用最为灵活,也是程序控制结构中使用最为广泛的一种循环控制语句。它不仅可以用于循环次数已经确定的情况,也适合于循环次数不确定而循环结束条件已知的情况。

5.3.1 for 语句表达形式和执行过程

for 语句的一般形式如下:

for(表达式 1;表达式 2;表达式 3) 语句

其中:for 是 C 语言的关键字;表达式 1、表达式 2、表达式 3 之间用";"隔开。

for 语句的执行过程如图 5-7 所示。

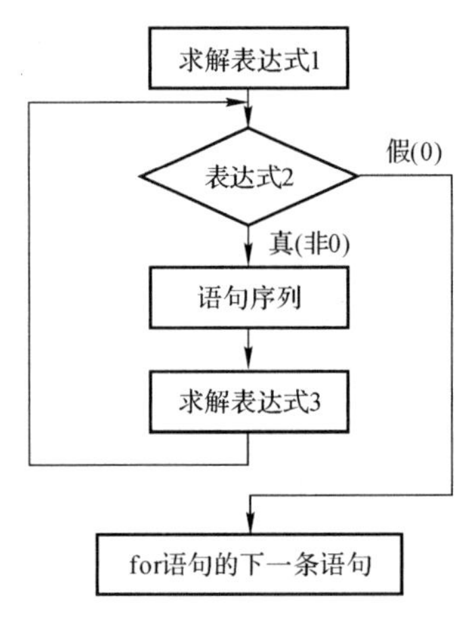

图 5-7 for 语句的执行过程

(1)求解表达式 1。

(2)求解表达式 2,若其值为真(非 0),则执行 for 语句中指定的内嵌语句,然后执行下面第(3)步;若其值为假(0),则结束循环,转到第(5)步。

(3)求解表达式 3。

(4)转回第(2)步继续执行。

(5)循环结束,执行 for 语句下面的一个语句。

5.3.2 for 语句的应用实例

(1)在 for 语句中,表达式 1 的内容可以省略,但是表达式 1 后边的";"不能省略;如果省略后，必须在 for 语句的前面给变量赋相应初值。

例如：

```
i=1;
for( ;i<=100;i++)
  count = count +i;
```

此时，程序的执行过程是，直接跳过“求解表达式 1”，其他步骤不发生变化。

(2)表达式 2 的内容一般情况不能省略，如果省略，循环将无终止进行下去，系统认为表达式 2 的值始终为“真”(非 0)。

例如：

```
for(i=1; ;i++)
  count = count +i;
```

该语句相当于：

```
while(1)                /* 无限循环 */
{
    count = count+i;
    i++;
}
```

当表达式 2 省略后，如果还想计算出结果，需要使用 break 语句对程序进行如下的修改：

```
for(i=1; ;i++)
{
  if(i >=100)                /* 表达式 2 的内容用 if 的条件代替 */
      break;                 /* break 语句 */
  else
      count = count +i;
}
```

(3)表达式 3 的内容也可省略，但此时程序人员必须在其他位置(如循环体)安排使循环趋向于结束的操作。

例如：

```
for(i=1;i<=100 ; )
{
    count = count +i;
    i++;                     /* 该条语句放置在循环体中 */
}
```

(4)三个表达式都可以省略，此时，表达式 1 和表达式 2 后边的“;”不能省略。

例如：

```
for( ; ; ) 语句
```

程序变成如下形式：

```
  i=1;                       /* 循环变量赋初值 */
  for ( ; ; )
{
  if (i >=100)
```

```
        break;              /* 循环出口 */
    count = count +i;
    i++;                    /* 修改循环变量的值 */
  }
```

(5)表达式1中可以是设置循环变量初始值的赋值表达式,也可以是与循环变量无关的其他表达式。

例如:

```
for( i=1,j=2;i<=100 ;i++)
    count = count +i+j;
```

表达式1和表达式3可以是一般的表达式,也可以是逗号表达式。

例如:

```
for( i=1,j=100;i<=j ;i++,j--)
    m=i*j;
```

(6)表达式2一般是关系表达式、逻辑表达式,也可以是数值表达式或字符表达式,事实上只要表达式的值为非0,就可以执行循环体。

例如:

```
for(;( c=getchar())! ='\n';i+=c)
    printf("%c",c);
```

(7)跟选择结构的语句一样,for语句的后边一般没有语句结束符“;”,如果添加分号,表示该循环体中只有一条空语句,整个for语句只有完成对循环变量值的改变操作,后边“{ }”中的语句就变成紧随for语句后的一条复合语句。

例如:

```
for(i=1,count=0;i<=100;i++)
    {
      count = count +i;
    }
```

执行结束后,变量count的值等于5 050。

```
 for(i=1,count=0;i<=100;i++);
    {
      count = count +i;
    }
```

执行结束后,变量count的值等于101。

例5.3 编写程序计算$n!$,即1×2×3×…×n的值

解 求阶乘和求累加的运算处理过程类似,在程序中变量i从1增加到n,每次的增量为1,如果设置变量m来存放连乘的乘积,m=m*i;在此过程中,m的初始值不能设置为0,必须设置为1,否则整个运算结果都是0。

程序代码:

```
int main()
{
    int  i,m,n;
    m=1;
```

```
    printf("\nPlease input the number  n:\n");
    scanf("%d",&n);
    for(i=1;i<=n;i++)
      m = m * i;
    printf("%d! =%d\n",n,m);
}
```

程序执行结果：

```
Please input the number  n:
5
5!=120
```

for循环结构可以用while语句进行改写，实现同样的功能，改写后一般格式如下：

```
表达式1;
while(表达式2)
{
    语句序列;
    表达式3;
}
```

5.4 循环的嵌套

循环嵌套是指在一个循环体内又包含另一个完整的循环结构，这与选择结构的嵌套类似。内嵌的循环体内还可以嵌套循环，构成多层循环。而在多层循环执行中，内层的优先级比外层的高，即只有等内层循环执行完后，才能进行外层循环的执行。

在C语言中，三种循环(while循环、do-while循环和for循环)都可以互相嵌套。如下面是几种比较常见的循环嵌套形式。

1. while循环嵌套while循环

```
while(表达式 )
{
    语句序列
    while(表达式 )
  {
    语句序列
  }
}
```

2. while循环中嵌套do-while循环

```
while(表达式 )
{
    语句序列
    do
    {
      语句序列
```

```
    } while(表达式);
}
```

3. do-while 循环中嵌套 do-while 循环

```
do
{
    语句序列
    do
    {
    语句序列
    } while(表达式);
} while(表达式 );
```

4. for 循环中嵌套 for 循环

```
for( ; ; )
{
语句序列
    for( ; ; )
  {
    语句序列
  }
}
```

5. for 循环中嵌套 while 循环

```
for( ; ; )
{
语句序列
    do
  {
    语句序列
  } while(表达式);
}
```

6. do-while 循环中嵌套 for 循环

```
do
{
    语句序列
    for( ; ; )
    {
    语句序列
    }
} while(表达式 );
```

例 5.4 编写程序实现 99 乘法口诀,要求基本格式输出:

```
1*1=1
1*2=2  2*2=4
```

1*3=3　2*3=6　3*3=9
1*4=4　2*4=8　3*4=12　4*4=16
1*5=5　2*5=10　3*5=15　4*5=20　5*5=25
1*6=6　2*6=12　3*6=18　4*6=24　5*6=30　6*6=36
1*7=7　2*7=14　3*7=21　4*7=28　5*7=35　6*7=42　7*7=49
1*8=8　2*8=16　3*8=24　4*8=32　5*8=40　6*8=48　7*8=56　8*8=64
1*9=9　2*9=18　3*9=27　4*9=36　5*9=45　6*9=54　7*9=63　8*9=72　9*9=81

解　要按照指定的格式输出，必须通过循环嵌套来完成。算术运算符“*”是一个双目运算符，因此要两个操作数参与运算。在循环嵌套中，i 的取值范围是 1～9，控制被乘数的取值，同时用于控制输出的行数；j 的取值范围是从 1～i，控制另一个操作数的取值范围以及每行输出算式的个数。

程序代码：

```
int main()
{
   int  i,j;
   int  t;
   for(i=1;i<=9;i++)                          /*被乘数的取值控制*/
   {
       for(j=1;j<=i;j++)                      /*乘数的取值控制*/
       {
         t=j*i;
         printf("%d*%d=%d             ",j,i,t);/*按照指定算式格数输出*/
       }
       printf("\n");
   }
}
```

程序执行结果：

```
1*1=1
1*2=2  2*2=4
1*3=3  2*3=6  3*3=9
1*4=4  2*4=8  3*4=12  4*4=16
1*5=5  2*5=10  3*5=15  4*5=20  5*5=25
1*6=6  2*6=12  3*6=18  4*6=24  5*6=30  6*6=36
1*7=7  2*7=14  3*7=21  4*7=28  5*7=35  6*7=42  7*7=49
1*8=8  2*8=16  3*8=24  4*8=32  5*8=40  6*8=48  7*8=56  8*8=64
1*9=9  2*9=18  3*9=27  4*9=36  5*9=45  6*9=54  7*9=63  8*9=72  9*9=81
```

5.5　几种循环的比较

(1)三种循环都是由循环变量的初始化、循环条件(状态)的检查、循环条件(状态)的修改以及循环体四部分组成。

(2)三种循环语句都可以解决同一问题，它们可以相互代替。

对于例 5.1，使用 for 语句实现程序代码如下：

```
for(i=1,count=0;i<=100;i++)
```

```
count = count +i;
```

使用do-while语句实现代码为:

```
    i=1;
    count =0;
do
{
    count =count +i;
    i++;
}while(i<=100);
```

(3)while和do-while循环,循环体中应包括使循环趋于结束的语句。for语句功能最强。

(4)当用while和do-while循环时,循环变量初始化的操作应在while和do-while语句之前完成,而for语句可以在表达式1中实现循环变量的初始化。

(5)do-while、while语句多用于循环次数不确定的情况;而对于循环次数确定的情况,使用for语句相对比较方便。

(6)while和for循环执行过程是先判断表达式,后执行语句;而do-while循环是先执行语句,后判断表达式。

(7)在使用三种循环实现同一问题时,循环变量的初始化位置有所不同,while和do-while语句循环变量初始化应放在while和do-while语句之前;而for语句可以在表达式1中初始化循环变量。

5.6 break和continue语句

5.6.1 break语句

在选择结构程序设计的switch语句中,break语句跳出switch结构的用法。实际上,break语句也可以用于从某循环体内跳出,即提前结束循环。

break语句的一般格式:

```
if(表达式)
    break;
```

例5.5 求解n的值,使得$1+2+3+\cdots+n=$sum,要求sum的最大值为32 767。

解 题目除了要计算$1+2+3+\cdots+n$的值以外,还要计算结果sum的值不能超过32 767,因此在循环中,必须对每次的计算结果进行判断,如果小于32 767循环继续进行,否则需要跳出循环,结束计算。

程序代码:

```
int  main()
{
    int  n,sum;
    for(n=1,sum=0; ;n++)
    {
        sum=sum+n;                  /*计算1+2+3+…+n的值*/
```

```
        if(sum>32768)               /*对计算结果进行判断*/
            break;
    }
    printf("n=%d\n",n-1);
    return 0;
}
```

程序运行结果：

```
n=255
```

程序说明：

(1)break 语句的一般格式由关键字 break 和“;”组成。

(2)break 语句一般只适用于 for、while 和 do-while 循环语句和 switch 语句，不能使用于其他语句中。

(3)在循环嵌套中，如果 break 语句位于内层循环中，它仅跳出内层循环，而不是所有的循环。

5.6.2 continue 语句

continue 语句的作用是跳过循环体中剩余的语句而强行执行下一次循环。continue 语句只用在 for、while、do-while 等循环体中，常与 if 条件语句一起使用，用来加速循环。

continue 语句的一般格式：

```
if(表达式)
    continue;
```

说明：

(1)同 break 一样，continue 也是 C 语言的一个关键字。

(2)continue 语句通常用于 for、do-while 和 while 等循环体中，常与 if 条件语句一起使用，用来加快循环。即满足 if 条件就跳出本次循环剩余语句，强制检测循环条件来判定是否执行下一次循环。

(3)在 for 循环中，当遇到 continue 后，跳过循环体中剩余语句，直接计算表达式 3 的值，然后进行表达式 2 的条件判定，决定是否执行 for 循环；在 while 和 do-while 循环中，continue 语句使流程直接跳到循环控制测试判定部分，决定循环是否继续执行。

例 5.6 编写程序计算 1～100 的累加值，要求跳过所有个位为 5 的整数。

解题思路：计算 1～100 的累加值前面章节已经编程实现过，题目要求去掉所有个位为 5 的整数，因此在循环体中，必须对 1～100 每个整数进行判定，判断条件是：对每个整数和 10 进行求余运算，如果结果等于 5，表明该数就是个位为 5 的整数。

程序代码：

```
int  main()
{
    int  i,sum;
    for(i=1,sum=0;i<100;i++)
    {
        if(i%10==5)         /*累加值中去掉所有个位为5的整数*/
```

```
            continue;
        sum=sum+i;
    }
    printf("sum=%d\n",sum);
    return 0;
}
```

程序运行结果:

```
sum=4450
```

continue语句与break语句的区别:break语句的功能是结束所在的循环,即结束整个循环后并不对循环条件做判断;而continue语句是跳过本次循环,而不是终止整个循环。

continue语句与break语句的流程图如图5-8所示。

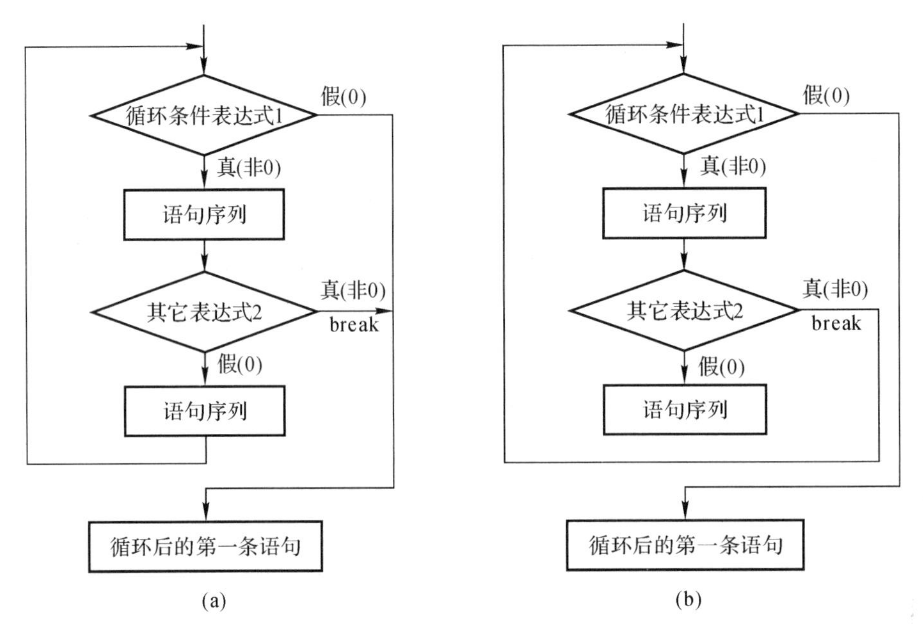

图5-8 break、continue语句的流程图
(a)break语句; (b)continue语句

5.7 程序举例

例5.7 输出10~100之间所有的素数。

解 素数(也称为质数)指的是只能被1和本身整除的正整数。

求解采用的算法是:让正整数i被$[2,\sqrt{i}]$范围的数除,如果能被该范围的任何一个整数整除,提前结束循环,此时i的值必然小于或等于$\sqrt{i}$,如果不能被该范围的数整除,继续循环。在循环结束后,判断i的值是否大于或等于$\sqrt{i}+1$,如果是,则表明i被$[2,\sqrt{i}]$范围的一整数整除,则该数为素数。

程序代码:

```
int main()
{
    int i,j;
    int k;
    printf("10～100 之间的所有素数为:\n");
    for(i=11;i<100;i+=2)
    {
        k=sqrt(i);
    for(j=2;j<=k;j++)
    if(i%j==0)
        break;
        if(j>=k+1)
        printf("%8d",i);
    }
    printf("\n");
  return 0;
}
```

程序执行结果：

```
10~100之间的所有素数为:
      11      13      17      19      23      29      31      37      41      43
      47      53      59      61      67      71      73      79      83      89
      97
```

程序说明：此列为穷举重复型算法的应用，其基本思想：对问题可能的所有状态逐一进行测试，直到找到问题的解或者将所有状态测试结束。

例 5.8　（兔子繁殖问题）　Fibonacci 数列。

假设有一对新生兔子，三个月后就发育成成年兔子，从第三个月开始它们每月生一对兔子（雌雄一对）。依此规律，假设兔子没有死亡，求一年后兔子的总对数。

我们用 F_n 代表 n 个月后兔子的对数，从一对新生兔子开始，因此有 $F_1=1, F_2=1$。这一对兔子在三个月末出生新一对兔子，从而 $F_3=1+1=2$，在第四个月末兔子的总对数变为 $F_3=1+2=3$，依此类推，兔子的总对数分别为

1,1,2,3,5,8,13,21,34,55, ……

用一个表达式可将上述数据描述为

$F_1=1$　　　　　$(n=1)$

$F_2=1$　　　　　$(n=2)$

$F_n=F_{n-1}+F_{n-2}$　　　$(n\geqslant 3)$

该表达式就是著名的 Fibonacci 数列。

程序代码：

```
int main()
{
    long int f1,f2;
   int i;
   f1=1;f2=1;                    /* 前两个月兔子的对数 */
```

```
    for(i=1;i<=5;i++)           /* 迭代过程的控制 */
    {
      /* 循环体中每次计算两个月兔子的对数,所以循环条件为 i<=5 */
      f1=f1+f2;                 /* 迭代关系式 */
      f2=f2+f1;                 /* 迭代关系式 */
    }
    printf("一年后兔子的对数为:%ld\n",f2);
  }
```

程序执行结果:

```
一年后兔子的对数为: 144
```

程序说明:

本实例为迭代法一个实例,是一种不断用变量的旧值递推新值的过程,是用于求方程或方程组根的一种常用的算法。使用迭代算法求解方程的注意事项如下:

(1)当使用迭代算法求解方程解时,首先要对方程有无解做初步的判断,如果无解,算法求出的近似根序列就不会收敛,迭代过程就变成了死循环。

(2)即使方程有解,也有可能因为迭代公式选择不当,导致迭代失败。

学习检测

一、选择题

1. 以下程序段(　　)。

```
x=-1;
  do
  {
      x=x*x;
} while (! x);
```

A. 是死循环　　B. 循环执行两次　　C. 循环执行一次　　D. 有语法错误

2. 对下面程序段描述正确的是(　　)。

```
int x=0,s=0;
   while (! x! =0) s+=++x;
   printf("%d",s);
```

A. 运行程序段后输出 0　　B. 运行程序段后输出 1

C. 程序段中的控制表达式是非法的　　D. 程序段循环无数次

3. 下面程序段的输出结果是(　　)。

```
x=3;
do { y=x--;
       if (! y) {printf(" * ");continue;}
       printf("#");
   } while(x=2);
```

A. # #　　B. # # *　　C. 死循环　　D. 输出错误信息

4. 下面程序的运行结果是(　　)。

```
#include<stdio.h>
void main( )
    { int a=1,b=10;
    do
      { b-=a;a++;
      } while(b--<0);
      printf("%d,%d\n",a,b);
}
```

A. 3,11　　B. 2,8　　C. 1,-1　　D. 4,9

5. 下面程序段的运行结果是(　　)。

```
for(i=1;i<=5;)
   printf("%d",i);
   i++;
```

A. 12345　　B. 1234　　C. 15　　D. 无限循环

6. 函数 pi 的功能是根据以下近似公式求 π 值：

$$(\pi\times\pi)/6=1+1/(2\times2)+1/(3\times3)+...+1/(n\times n)$$

请填空，完成求 π 的功能。

```
  #include <math.h>
  void main( )
  { double s=0.0; int i,n;
scanf("%ld",&n);
  for(i=1;i<=n;i++)
  s=s+________;
  s=(sqrt(6*s));
  printf("s=%e",s);
}
```

A. 1/i*i　　B. 1.0/i*i　　C. 1.0/(i*i)　　D. 1.0/(n*n)

二、填空题

1. 程序填空。

填空使程序输出结果为

```
* * * * *
  * * * * *
    * * * * *
      * * * * *
```

```
/-----------------------------/
#include <stdio.h>
void main(void)
{
```

```
/************SPACE************/
static char ____(1)____={'*','*','*','*','*'};
int i,j,k;
char space=' ';
for(i=0;i<5;i++)
{
  printf("\n");
  for(j=1;j<=3*i;j++)
  /************SPACE************/
    printf("%1c",____(2)____);
  /************SPACE************/
  for(k=0;k<____(3)____;k++)
      printf("%3c",a[k]);
}
printf("\n");;
}
```

2. 下述程序段的输出结果是________。

```
int x=3;
do
{    printf("%d",x-=2);
}while(! (--x));
```

3. 下述程序段的循环次数是________次，输出结果是________。

```
int x=0,y=0;
do
{
    y++;
x*=x;
}while(x>0&&y>5)
printf("y=%d,x=%d",y,x);
```

4. 下列循环语句执行的循环次数是________。

for(a=1,b=1;a<4&&b! =4;a++)//循环体内 b 的值不变。

5. 求下列算式 1+1/2+1/3+…+1/100 的值，请填空。

```
#include <stdio.h>
  void main( )
  {    int i;
        float sum=0;
        for(i=1;i<101;i++)
                sum+__________;
        printf("%f\n",sum);
  }
```

三、编程题

1. 输入班级学生考试成绩，求考试平均成绩。约定当输入负数时，表示输入结束。

2. 一个正数与3的和是5的倍数，与3的差是6的倍数，编写一个程序求符合条件的最小数。

3. 输入一行字符以@作结束标志，分别统计其中英文字母、空格、数字和其他字符的个数。

4. 一张纸的厚度为0.1毫米，珠穆朗玛峰的高度为8 848.13米，假如纸张有足够大，将纸对折多少次后可以超过珠峰的高度？

5. 已知 $xyz+yzz=532$，其中 x、y、z 都是数字，编写一个程序求出 x、y、z 分别是多少。

6. 学校有近千名学生排队，5人一行余2人，7人一行余3人，3人一行余1人，求学生人数。

7. 如果抽屉中放12个球，3红3白6黑，从中任意取8个，编写程序，列出所有可能的取法。

8. 编写程序，求解取值在[100,999]范围内的水仙花数(所谓水仙花数是指一个3位数，其各位数字立方和等于该数本身)。

第6章　数　　组

问题引入

(1)通过前面的学习可以知道,如果在程序中需要暂时存放几个数据,就需要定义几个变量。例如,某个班级有50名同学,要编写一个程序,统计一下成绩高于平均分的人数。针对这个问题,我们可以设计出如下算法:

1)依次接受并暂存50个成绩;

2)计算总分、平均分;

3)置计数器为0;

4)对每一个成绩,若它大于平均分,则计数器累加1;

5)输出计数器的值。

按照以上算法的要求,如果在程序中定义50个变量去暂存这50个成绩,显然是一种比较笨拙的办法。这种方法在处理大批量的同类型的数据的时候,就显得不是很方便了。那么,有没有更好的办法呢?

(2)在程序设计中,为了处理方便,把具有相同类型的若干变量按有序的形式组织起来。一个数组可以分解为多个数组元素,这些数组元素可以是基本数据类型或是构造类型。因此按数组元素的类型不同,数组又可分为数值数组、字符数组、指针数组和结构数组等各种类别。

知识要点

(1)一维数组的定义和引用。

(2)二维数组的定义和引用。

(3)字符数组。

6.1　一维数组的定义和引用

数组的实质是内存中一段连续的存储空间,例如内存中连续的20个字节的存储空间就可以称为一个数组。这个数组如果用来存放int型的数据,可以存放10个(若每个int型的数据需要两个字节的存储空间)。此时每两个字节构成数组中一个存储单元,称为数组元素或数组分量。当然,这个数组也可以用来存放5个float型的数据(若每个float型的数据需要4个字节的存储空间)，此时，每4个字节构成一个数组分量。在程序中，数组用一个名字来表示，数组中分量用编号来区分，采用这种方式，不但解决了大批量的同类型数据的存储问题，而且方便用循环的方式来对这些数据进行运算和处理。

6.1.1　一维数组的定义方式

在C语言中使用数组必须先进行定义。一维数组的定义方式如下：

类型说明符　数组名［常量表达式］；

其中，类型说明符是任一种基本数据类型或构造数据类型；数组名是用户定义的数组标识符。

例如：int a[10];　　　　　//说明整型数组a，有10个元素。

　　float b[10],c[20];　//说明实型数组b，有10个元素，实型数组c，有20个元素。

　　char ch[20];　　　　//说明字符数组ch，有20个元素。

对于数组类型说明应注意以下几点：

(1)数组的类型实际上是指数组元素的取值类型。对于同一个数组，其所有元素的数据类型都是相同的。

(2)数组名的书写规则应符合标识符的书写规定。

(3)数组名不能与其他变量名相同。

例如：

```
int main()
{
int a;
float a[10];
……
}
```

是错误的。

(4)方括号中常量表达式表示数组元素的个数，如a[5]表示数组a有5个元素。但是其下标从0开始计算。因此5个元素分别为a[0],a[1],a[2],a[3],a[4]。

(5)不能在方括号中用变量来表示元素的个数，但是可以是符号常数或常量表达式。

例如：

```
#define FD 5
int main()
{
int a[3+2],b[7+FD];
……
}
```

是合法的。

但是下述说明方式是错误的：

```
int main()
{
    int n=5;
    int a[n];
```

```
    ……
}
```

(6)允许在同一个类型说明中,说明多个数组和多个变量。

例如:

```
int a,b,c,d,k1[10],k2[20];
```

6.1.2 一维数组元素的引用

数组元素是组成数组的基本单元。数组元素也是一种变量,其标识方法为数组名后跟一个下标。下标表示了元素在数组中的顺序号。

数组元素的一般形式如下:

数组名[下标]

其中,下标只能为整型常量或整型表达式。当为小数时,C编译将自动取整。

例如:

```
a[5]
a[i+j]
a[i++]
```

都是合法的数组元素。

数组元素通常也称为下标变量。必须先定义数组,才能使用下标变量。在C语言中只能逐个地使用下标变量,而不能一次引用整个数组。

例如,输出有10个元素的数组必须使用循环语句逐个输出各下标变量:

```
for(i=0; i<10; i++)
    printf("%d",a[i]);
```

而不能用一个语句输出整个数组。

下面的写法是错误的:

```
printf("%d",a);
```

例6.1 某个班级有45名同学,在"程序设计基础"这门课程考试结束后,要编写一个程序,统计一下成绩高于平均分的人数。

解 先定义1个一维数组,循环45次,依次输入45个学生成绩,然后依次求和并计算平均成绩,最后,利用循环语句每一个同学与平均成绩比较,高于平均成绩计数累加即可。

程序代码:

```
#include"stdio.h"
int main()
{
    float score[45], sum, avg;
    int i, counter;
    printf("Palease input score:", i);
    for(i=0; i<45; i++)
      scanf("%d", &score[i]);

    sum = 0;
```

```
    for(i=0; i<45; i++)
      sum += score[i];
    avg = sum / 45;

    counter=0;
    for(i=0; i<45; i++)
      if(score[i] > avg)
        counter ++;
    printf("counter=%d\n", counter);
}
```

程序执行结果：

```
Palease input score:55 44 67 64 46 78 13 63 42 35 87 42 15
82 55 94 13 60 31 44 44 15 39 2 48 29 38 99 20 16 89 59 39
93 25 4 65 39 56 54 76 50 90 66 42
counter=21
```

6.1.3 一维数组的初始化

给数组赋值的方法除了用赋值语句对数组元素逐个赋值外，还可采用初始化赋值和动态赋值的方法。

数组初始化赋值是指在数组定义时给数组元素赋予初值。数组初始化是在编译阶段进行的。这样将减少运行时间，提高效率。

初始化赋值的一般形式如下：

类型说明符数组名[常量表达式]={值,值……值}；

其中，在{ }中的各数据值即为各元素的初值，各值之间用逗号间隔。

例如：

```
int a[10]={ 0,1,2,3,4,5,6,7,8,9 };
```

相当于 a[0]=0;a[1]=1…a[9]=9。

C 语言对数组的初始化赋值还有以下几点规定：

(1)可以只给部分元素赋初值。当{ }中值的个数少于元素个数时，只给前面部分元素赋值。

例如：

```
int a[10]={0,1,2,3,4};
```

表示只给 a[0]～a[4]5 个元素赋值，而后 5 个元素自动赋 0 值。

(2)只能给元素逐个赋值，不能给数组整体赋值。

例如给十个元素全部赋 1 值，只能写为

```
int a[10]={1,1,1,1,1,1,1,1,1,1};
```

而不能写为

```
int a[10]=1;
```

(3)如给全部元素赋值，则在数组说明中，可以不给出数组元素的个数。

例如：

```
int a[5]={1,2,3,4,5};
```

可写为

```
int a[]={1,2,3,4,5};
```

6.1.4 一维数组程序举例

可以在程序执行过程中,对数组作动态赋值。这时可用循环语句配合 scanf 函数逐个对数组元素赋值。

例 6.2 输入 10 个数,找出其中的最大值。

解 数组中求最大数,可以采用设置参考点的方法,设定数组中某个元素的值为最大值,将其赋给存放最大值的变量;然后数组中其他元素,跟该参考值进行比较,如果数组元素的值大于该值时,将该变量的值与数组元素进行交换,保证该变量中存放的是两个数比较后最大者。

程序代码:

```
#include<stdio.h>
int main()
{
    int i,max,a[10];
    printf("input 10 numbers:\n");
    for(i=0;i<10;i++)
        scanf("%d",&a[i]);
    max=a[0];
    for(i=1;i<10;i++)
        if(a[i]>max) max=a[i];
    printf("maxmum=%d\n",max);
}
```

程序执行结果:

```
input 10 numbers:
5 8 9 4 8 7 10 6 7 88
maxmum=88
```

本例程序中第一个 for 语句逐个输入 10 个数到数组 a 中。然后把 a[0]送入 max 中。在第二个 for 语句中,从 a[1]到 a[9]逐个与 max 中的内容比较,若比 max 的值大,则把该下标变量送入 max 中,因此 max 总是在已比较过的下标变量中为最大者。比较结束,输出 max 的值。

例 6.3 输入 10 个数,并进行排序。

解 程序设计中的排序主要分为两种:由小到大和由大到小。可用两个并列的 for 循环语句,用于输入 10 个元素的初值以及排序。排序具体方法:在 i 次循环时,把第一个元素的下标 i 赋于 p,而把该下标变量值 $a[i]$赋于 q。然后进入小循环,从 $a[i+1]$起到最后一个元素止逐个与 $a[i]$作比较,有比 $a[i]$大者则将其下标送 p,元素值送 q。一次循环结束后,p 即为最大元素的下标,q 则为该元素值。若此时 $i \neq p$,说明 p、q 值均已不是进入小循环之前所赋之值,则交换 $a[i]$和 $a[p]$之值。此时 $a[i]$为已排序完毕的元素。输出该值之后转入下一次循环。对 $i+1$ 以后各个元素排序。

程序代码:

```
#include<stdio.h>
int main()
{
   int i,j,p,q,s,a[10];
   printf("\n input 10 numbers:\n");
   for(i=0;i<10;i++)
        scanf("%d",&a[i]);
   for(i=0;i<10;i++){
        p=i;
        q=a[i];
        for(j=i+1;j<10;j++)
          if (q<a[j]) {
            p=j;
            q=a[j];
          }
         if(i! =p){
         s=a[i];
      a[i]=a[p];
      a[p]=s;
          }
            printf("%d  ",a[i]);
        }
}
```

程序执行结果：

```
 input 10 numbers:
9 8 7 6 8 1 2 3 4 0
9  8  8  7  6  4  3  2  1  0
```

6.2　二维数组的定义和引用

数组是用来解决大批量同类型数据的存储和处理问题的，有时候我们要处理的一批数据逻辑上是分组的，例如在前面提到的成绩统计问题中，假如我们要处理的不是一门课的成绩，而是五门课程的成绩，也就是说共有 225 个成绩需要处理。这些成绩数据，可以按照课程来分组，共 5 组，每组 45 个；也可以按照学生来分组，共 45 组，每组 5 个。当然，我们也可以把这 225 个成绩看作是 5 行 45 列的矩阵或者 45 行 5 列的矩阵。对于逻辑上有这种结构数据，如果直接使用一维数组存储，处理起来不是很方便。C 语言中提供了二维数组，可以很方便地存储和处理类似这种结构的数据。

6.2.1　二维数组的定义

前文介绍的数组只有一个下标，称为一维数组，其数组元素也称为单下标变量。在实际问题中有很多量是二维的或多维的，因此 C 语言允许构造多维数组。由于多维数组元素有多个下标，以标识它在数组中的位置，所以也称为多下标变量。本小节只介绍二维数组，多维数组可由二维数组类推而得到。

二维数组定义的一般形式是：

类型说明符数组名[常量表达式1][常量表达式2]

其中，常量表达式1表示第一维下标的长度，常量表达式2表示第二维下标的长度。

例如：

```
int a[3][4];
```

说明了一个三行四列的数组，数组名为a，其下标变量的类型为整型。该数组的下标变量共有3×4个，即：

a[0][0],a[0][1],a[0][2],a[0][3]

a[1][0],a[1][1],a[1][2],a[1][3]

a[2][0],a[2][1],a[2][2],a[2][3]

二维数组在概念上是二维的，即是说其下标在两个方向上变化，下标变量在数组中的位置也处于一个平面之中，而不是像一维数组只是一个向量。但是，实际的硬件存储器却是连续编址的，即存储器单元是按一维线性排列的。如何在一维存储器中存放二维数组，可有两种方式：一种是按行排列，即放完一行之后顺次放入第二行；另一种是按列排列，即放完一列之后再顺次放入第二列。在C语言中，二维数组是按行排列的。即：先存放a[0]行，再存放a[1]行，最后存放a[2]行。每行中有四个元素也是依次存放。由于数组a说明为int类型，该类型占两个字节的内存空间，所以每个元素均占有两个字节)。

6.2.2 二维数组元素的引用

二维数组的元素也称为双下标变量，其表示的形式为

数组名[下标][下标]

其中，下标应为整型常量或整型表达式。

例如：

a[3][4]

表示a数组三行四列的元素。

下标变量和数组说明在形式中有些相似，但这两者具有完全不同的含义。数组说明的方括号中给出的是某一维的长度，即可取下标的最大值；而数组元素中的下标是该元素在数组中的位置标识。前者只能是常量，后者可以是常量，也可以是变量或表达式。

例6.4 一个学习小组有5个人，每个人有三门课的考试成绩见表6-1。求全组分科的平均成绩和各科总平均成绩。

表6-1 学生成绩表

姓名	Math	C	dbase
张XX	80	71	87
王XX	75	59	90
李XX	92	63	76
赵XX	61	70	77
周XX	65	85	85

解　可设一个二维数组 a[5][3]存放5个人三门课的成绩。再设一个一维数组 v[3]存放所求得各分科平均成绩,设变量 average 为全组各科总平均成绩。

程序代码:

```
#include<stdio.h>
int main()
{
  int i,j,s=0,average,v[3],a[5][3];
  printf("input score\n");
  for(i=0;i<3;i++)
  {
    for(j=0;j<5;j++)
      { scanf("%d",&a[j][i]);
      s=s+a[j][i];}
      v[i]=s/5;
      s=0;
    }
  average =(v[0]+v[1]+v[2])/3;
  printf("math:%d\nc languag:%d\ndbase:%d\n",v[0],v[1],v[2]);
  printf("total:%d\n", average );
  return 0;
}
```

程序执行结果:

```
input score
80 75 92
61 65 71
59 63 70
85 87 90
76 77 85
math:74
c languag:69
dbase:83
total:75
```

程序中首先用了一个双重循环。在内循环中依次读入某一门课程的各个学生的成绩,并把这些成绩累加起来,退出内循环后再把该累加成绩除以5送入 v[i]之中,这就是该门课程的平均成绩。外循环共循环三次,分别求出三门课各自的平均成绩并存放在 v 数组之中。退出外循环之后,把 v[0]、v[1]、v[2]相加除以3即得到各科总平均成绩。最后按题意输出各个成绩。

6.2.3　二维数组的初始化

二维数组初始化也是在类型说明时给各下标变量赋以初值。二维数组可按行分段赋值,也可按行连续赋值。

例如对数组 a[5][3]:

(1)按行分段赋值可写为

```
int a[5][3]={ {80,75,92},{61,65,71},{59,63,70},{85,87,90},{76,77,85} };
```

(2)按行连续赋值可写为

```
int a[5][3]={ 80,75,92,61,65,71,59,63,70,85,87,90,76,77,85};
```

二维数组初始化说明：

(1)可以只对部分元素赋初值，未赋初值的元素自动取0值。

例如：

```
int a[3][3]={{1},{2},{3}};
```

是对每一行的第一列元素赋值，未赋值的元素取0值。赋值后各元素的值为

```
1 0 0
2 0 0
3 0 0
int a [3][3]={{0,1},{0,0,2},{3}};
```

赋值后的元素值为

```
0 1 0
0 0 2
3 0 0
```

(2)如对全部元素赋初值，则第一维的长度可以不给出。

例如：

```
int a[3][3]={1,2,3,4,5,6,7,8,9};
```

可以写为

```
int a[][3]={1,2,3,4,5,6,7,8,9};
```

(3)数组是一种构造类型的数据。二维数组可以看作是由一维数组的嵌套而构成的。设一维数组的每个元素都又是一个数组，就组成了二维数组。前提是各元素类型必须相同。根据这样的分析，一个二维数组也可以分解为多个一维数组。C语言允许这种分解。

例如二维数组 a[3][4]，可分解为三个一维数组，其数组名分别为

```
a[0]
a[1]
a[2]
```

对这三个一维数组不需另作说明即可使用。这三个一维数组都有4个元素，例如：一维数组 a[0]的元素为 a[0][0]、a[0][1]、a[0][2]、a[0][3]。

必须强调的是，a[0]、a[1]、a[2]不能当作下标变量使用，它们是数组名，不是一个单纯的下标变量。

6.2.4 二维数组程序举例

例6.5 将一个二维数组行和列交换存到另一个二维数组中。例如：b[j][i] = a[i][j]

解 定义两个二维数组，其中数组1的第一维下标长度等于数组2的第二维下标长度，数组1的第二维下标长度等于数组2的第一维下标长度，两个数组的类型相同。

程序代码：

```
#include<stdio.h>
int main ()
```

```
{
  int a[2][3] = {{1,2,3},{4,5,6}};
  int b[3][2], i,j;
  printf("array a:\n");
  for(i=0;i<=1;i++)                 /* 0~1 行 */
  {
    for(j=0;j<=2;j++)               /* 0~2 列 */
    {
    printf("%5d",a[i][j]);
    b[j][i] = a[i][j];              /* 行、列交换 */
  }
  printf("\n");                     /* 输出一行后换行 */
  }
  printf("array b:\n");
  for(i=0;i<=2;i++)
  {
    for(j=0;j<=1;j++)
      printf("%5d",b[j][i]);
      printf("\n");                 /* 输出一行后换行 */
  }
  return 0;
}
```

程序执行结果：

例6.6　有一个3×4的矩阵要求编程序以求出其中值最大的那个元素的值及其所在的行号和列号。

解题思路：首先把第一个元素a[0][0]作为临时最大值max，然后把临时最大值max与每一个元素a[i][j]进行比较，若a[i][j]>max，则把a[i][j]作为新的临时最大值并记录下其下标i和j。当全部元素比较完后，max是整个矩阵全部元素的最大值。

程序代码：

```
#include <stdio.h>
#include <stdlib.h>
intmain ()
{
    int i,j,row=0,colum=0,max;
    static int a[3][4]={{1,2,3,4},{9,8,7,6},{-10,10,-5,2}};
    max=a[0][0];
    /* 用两重循环遍历全部元素 */
```

```
    for(i=0; i<=2; i++)
      for(j=0; j<=3; j++)
        if (a[i][j] > max )
        {
          max = a[i][j];row = i; colum = j;
        }
    printf("max=%d, row=%d, colum=%d\n",max,row,colum);
    return 0;
}
```

程序执行结果：

```
max=10, row=2, colum=1
```

6.3 字符数组

6.3.1 字符数组的定义

用来存放字符量的数组称为字符数组，其形式与前面介绍的数值数组相同。

例如：char c[10];

由于字符型和整型通用，所以也可以定义为 int c[10]，但这时每个数组元素占 2 个字节的内存单元。字符数组也可以是二维或多维数组。

例如：char c[5][10];即为二维字符数组。

6.3.2 字符数组的初始化

字符数组也允许在定义时作初始化赋值。

例如：

```
char c[10]={'c',' ','p','r','o','g','r','a','m'};
```

赋值后各元素的值为

c[0]='c'; c[1]=' '; c[2]='p'; c[3]='r'; c[4]='0';
c[5]='g'; c[6]='r'; c[7]='a'; c[8]='m';

其中，c[9]未赋值，由系统自动赋予 0 值，对全体元素赋初值时也可以省去长度说明。

例如：

```
char c[]={'c',' ','p','r','o','g','r','a','m'};
```

这时 C 数组的长度自动定为 9。

6.3.3 字符数组的引用

例 6.7 输入 BASIC 和 dBASE，用字符数组的引用实现输出。

解 同整型和实型数据一样，C 语言中引用字符数组，可以使用数据的下标来引用。

程序代码：

```
#include<stdio.h>
int main()
```

```
{
  int i,j;
  char a[][5]={{'B','A','S','I','C',},{'d','B','A','S','E'}};
  for(i=0;i<=1;i++)
    {
      for(j=0;j<=4;j++)
          printf("%c",a[i][j]);
      printf("\n");
    }
  return 0;
}
```

程序执行结果：

```
BASIC
dBASE
```

本例的二维字符数组由于在初始化时全部元素都赋以初值，所以一维下标的长度可以不加以说明。

6.3.4　字符串和字符串结束标志

在C语言中没有专门的字符串变量，通常用一个字符数组来存放一个字符串。字符串总是以'\0'作为串的结束符，因此当把一个字符串存入一个数组时，也把结束符'\0'存入数组，并以此作为该字符串是否结束的标志。在有了'\0'标志后，就不必再用字符数组的长度来判断字符串的长度了。

C语言允许用字符串的方式对数组作初始化赋值。例如：

```
char c[]={'C',' ','p','r','o','g','r','a','m'};
```

可写为

```
char c[]={"C program"};
```

或去掉{}写为

```
char c[]="C program";
```

用字符串方式赋值比用字符逐个赋值要多占一个字节，用于存放字符串结束标志'\0'。上面的数组c在内存中的实际存放情况为

C		p	r	o	g	r	a	m	\0

'\0'是由C编译系统自动加上的。由于采用了'\0'标志，所以在用字符串赋初值时一般无须指定数组的长度，而由系统自行处理。

6.3.5　字符数组的输入输出

在采用字符串方式后，字符数组的输入输出将变得简单方便。

除了上述用字符串赋初值的办法外，还可用printf函数和scanf函数一次性输出输入一个字符数组中的字符串，而不必使用循环语句逐个地输入输出每个字符。

例6.8　利用printf函数和scanf函数一次性输入输出一个15位的字符串。

解　用printf函数和scanf函数来操作字符串，通常有两种方法：使用循环的方式，通过

访问字符数组的下标来访问;使用字符数组名(字符串的首地址),一次性输入输出。

程序代码:

```
#include<stdio.h>
int main()
{
   char st[15];
   printf("input string:\n");
   scanf("%s",st);
   printf("%s\n",st);
   return 0;
}
```

程序执行结果:

```
input string:
Helloword!
Helloword!
```

本例中由于定义数组长度为15,因此输入的字符串长度必须小于15,以留出一个字节用于存放字符串结束标志'\0'。应该说明,对一个字符数组,如果不作初始化赋值,则必须说明数组长度。还应该特别注意的是,当用 scanf 函数输入字符串时,字符串中不能含有空格,否则将以空格作为串的结束符。

例如:当输入的字符串中含有空格时,运行情况为

```
input string:
  this is a book
```

输出为

```
this
```

从输出结果可以看出空格以后的字符都未能输出。为了避免这种情况,可多设几个字符数组分段存放含空格的串。

例 6.9 利用 printf 函数和 scanf 函数一次性输入输出多个字符串。

解 本程序分别设了4个数组,输入的一行字符的空格分段分别装入4个数组。然后分别输出这4个数组中的字符串。在前面介绍过,scanf 的各输入项必须以地址方式出现,如 &a 和 &b 等。但在前例中却是以数组名方式出现的,这是由于在C语言中规定,数组名就代表了该数组的首地址。整个数组是以首地址开头的一块连续的内存单元。例如字符数组 char c[10],在内存中可表示为

c[0]	c[1]	c[2]	c[3]	c[4]	c[5]	c[6]	c[7]	c[8]	c[9]

设数组 c 的首地址为 2 000,也就是说 c[0]单元地址为 2 000。则数组名 c 就代表这个首地址。因此在 c 前面不能再加地址运算符 &。如写作 scanf("%s",&c);则是错误的。在执行函数 printf("%s",c) 时,按数组名 c 找到首地址,然后逐个输出数组中各个字符直到遇到字符串终止标志'\0'为止。

程序代码:

```
#include<stdio.h>
int main()
```

```
{
    char st1[6],st2[6],st3[6],st4[6];
    printf("input string:\n");
    scanf("%s%s%s%s",st1,st2,st3,st4);
    printf("%s %s %s %s\n",st1,st2,st3,st4);
    return 0;
}
```

程序执行结果：

```
input string:
Hello Word ni hao
Hello Word ni hao
```

6.3.6 字符串处理函数

C语言提供了丰富的字符串处理函数，大致可分为字符串的输入、输出、合并、修改、比较、转换、复制、搜索几类。使用这些函数可大大减轻编程的负担。用于输入输出的字符串函数，在使用前应包含头文件"stdio.h"，使用其他字符串函数则应包含头文件"string.h"。

下面介绍几个最常用的字符串函数。

(1)字符串输出函数 puts。

格式：puts(字符数组名)

功能：把字符数组中的字符串输出到显示器。即在屏幕上显示该字符串。

(2)字符串输入函数 gets。

格式：gets(字符数组名)

功能：从标准输入设备键盘上输入一个字符串。该函数得到一个函数值，即为该字符数组的首地址。

(3)字符串连接函数 strcat。

格式：strcat (字符数组名 1，字符数组名 2)

功能：把字符数组 2 中的字符串连接到字符数组 1 中字符串的后面，并删去字符串 1 后的串标志'\0'。本函数返回值是字符数组 1 的首地址。

例 6.10 输入两个字符串，将第二个字符串连接到第一个字符串后，分别使用格式控制语句(scanf 和 printf)和字符串处理函数完成字符串的输入和输出。

解 C语言对字符串的输入和输出通常有三种方法：使用字符串处理函数 gets()和 puts()；使用循环结构单个字符进行处理；使用字符数组的名(字符串的首地址)完成字符串的输入和输出。

程序代码：

```
#include"stdio.h"
#include"string.h"
int main(){
    char str1[15],str2[15];
    printf( "请输入两个字符串(长度 15 以内):");
    scanf("%s",str1);            //字符串的输入(字符数组名)
    gets(str2);                  //字符串处理
```

```
    strcat(str1,str2);            //字符串连接
    printf( "str1:");
    puts(str1);                   //字符串的输出
    printf( "str2:%s",str2);
    return 0;
}
```

程序执行结果：

```
请输入两个字符串（长度15以内）:hello word
str1:hello word
str2: word
```

(4)字符串拷贝函数 strcpy。

格式：strcpy(字符数组名 1,字符数组名 2)

功能:把字符数组 2 中的字符串拷贝到字符数组 1 中。串结束标志'\0'也一同拷贝。字符数组名 2,也可以是一个字符串常量。这时相当于把一个字符串赋予一个字符数组。

(5)字符串比较函数 strcmp。

格式:strcmp(字符数组名 1,字符数组名 2)

功能:按照 ASCII 码顺序比较两个数组中的字符串,并由函数返回值返回比较结果。

字符串 1=字符串 2,返回值=0;

字符串 1 大于字符串 2,返回值大于 0;

字符串 1 小于字符串 2,返回值小于 0。

该函数也可用于比较两个字符串常量,或比较数组和字符串常量。

(6)测字符串长度函数 strlen。

格式：strlen(字符数组名)

功能:测字符串的实际长度(不含字符串结束标志'\0')并作为函数返回值。

例 6.11 输入两个字符串 str1 和 str2,利用 strcpy()函数将 str2 拷贝至 str1,比较两个字符串 str1 与 str2 长度的大小,并输出 str2 的长度。

解 字符串的拷贝可采用 strcpy()函数,字符串的比较采用 strcmp()函数,使用 strlen()获取字符串的长度。

程序代码：

```
#include"stdio.h"
#include"string.h"
int main(){
    char str1[15],str2[15];
    printf( "请输入两个字符串(长度 15 以内):");
    gets(str1);
    gets(str2);
    strcpy(str1,str2);
    int   ret = strcmp(str1,str2);
    if(ret < 0)
    printf("str1 小于 str2\n");
     else if(ret > 0)
```

```
    printf("str2 小于 str1\n");
    else
    printf("str1 等于 str2\n");
    int len = strlen(str2);
    printf("strlen(str2):%d",len);
    return 0;
}
```

程序执行结果：

```
请输入两个字符串（长度15以内）:hello
word
str1 等于 str2
strlen(str2):4
```

6.4 程序举例

例 6.12 输入一行字符，统计其中的单词个数，单词间空格分开。

解 可以用一个字符数组来存储输入的这行字符。要统计其中单词数，就是判断该字符数组中的各个字符，如果出现非空格字符，且其前一个字符为空格，则从新单词开始，计数num加1。但这在第一个单词出现时有点特殊，因为第一个单词前面可能没有空格，所以在程序里我们可以人为加上一个标志word，并初始化为0。该标志指示前一个字符是否是空格，如果该标志值为0则表示前一个字符为空格。

程序代码：

```
#include"stdio.h"
int main()
{   char string[81];
    int i,num=0,word=0;
    char c;
    gets(string);
    for(i=0;(c=string[i])!='\0';i++)
            if(c==' ')   word=0;
            else if(word==0){
                word=1;
                num++;
                }
        printf("There are %d words in the line\n",num);
return 0;
}
```

程序执行结果：

```
I am a student!
There are 4 words in the line
```

程序说明：

本程序中若当前字符是空格，那么未出现新单词，使word=0，num不累加，若当前字符不是空格,分两种情况:①如果前一字符为空格,即 word==0,新单词出现,word=1,num 加1;②如果前一字符为非空格,即 word==1,未出现新单词, num 不变。

例 6.13 在二维数组 a 中选出各行最大的元素组成一个一维数组 b。

二维数组 a[3][4]={{3,16,87,65},{4,32,11,108},{10,25,12,37}}

生成的一维数组 b[3]={87,108,37}

解 在数组 a 的每一行中寻找最大的元素,找到之后把该值赋予数组 b 相应的元素即可。

程序代码:

```
#include"stdio.h"
int main()
{
     int a[][4]={3,16,87,65,4,32,11,108,10,25,12,27};
     int b[3],i,j,l;
     for(i=0;i<=2;i++)
        {
        l=a[i][0];
        for(j=1;j<=3;j++)
             if(a[i][j]>l) l=a[i][j];
        b[i]=l;
        }
        printf ("\narray a:\n");
        for(i=0;i<=2;i++)
        {
        for(j=0;j<=3;j++)
           printf("%5d",a[i][j]);
           printf("\n");
        }
           printf("\narray b:\n");
        for(i=0;i<=2;i++)
           printf("%5d",b[i]);
           printf("\n");
        return 0;
}
```

程序执行结果:

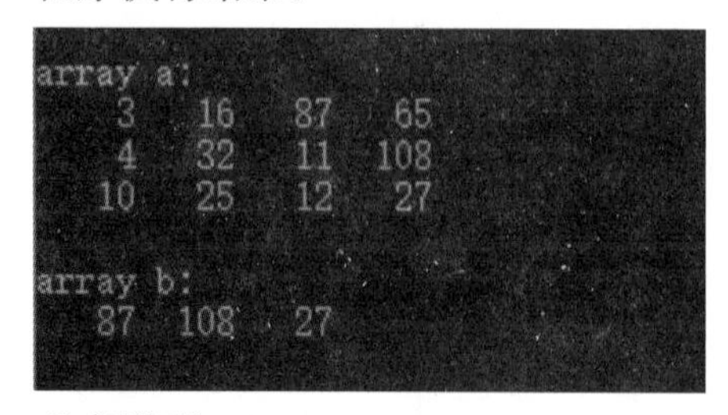

程序说明:

程序中第一个 for 语句中又嵌套了一个 for 语句组成了双重循环。外循环控制逐行处理,并把每行的第0列元素赋予l。进入内循环后，把l与后面各列元素比较，并把比l大者赋予l。内循环结束时l即为该行最大的元素，然后把l值赋予b[i]。等外循环全部完成时，数组b中已装入了a各行中的最大值。后面的两个for语句分别输出数组a和数组b。

例6.14　输入5个国家的名称，按字母顺序排列输出。

解　5个国家名应由一个二维字符数组来处理。然而C语言规定可以把一个二维数组当成多个一维数组处理。因此本题又可以按五个一维数组处理，而每一个一维数组就是一个国家名字符串。用字符串比较函数比较各一维数组的大小，并排序，输出结果即可。

程序代码：

```
#include"stdio.h"
#include"string.h"
int main()
{
    char st[20],cs[5][20];
    int i,j,p;
    printf("input country's name:\n");
    for(i=0;i<5;i++)
      gets(cs[i]);
    printf("\n");
    for(i=0;i<5;i++)
    {
      p=i;strcpy(st,cs[i]);
      for(j=i+1;j<5;j++)
      if(strcmp(cs[j],st)<0)
       {
          p=j;strcpy(st,cs[j]);
       }
       if(p!=i)
       {
          strcpy(st,cs[i]);
          strcpy(cs[i],cs[p]);
          strcpy(cs[p],st);
       }
    puts(cs[i]);
  }printf("\n");
  return 0;
}
```

程序执行结果：

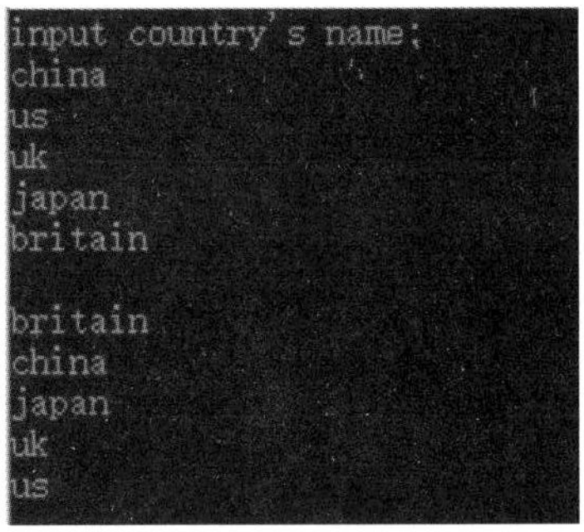

```
input country's name:
china
us
uk
japan
britain

britain
china
japan
uk
us
```

程序说明：

本程序的第一个 for 语句中，用 gets 函数输入五个国家名字符串。前文说过 C 语言允许把一个二维数组按多个一维数组处理，本程序说明 cs[5][20]为二维字符数组，可分为五个一维数组 cs[0]，cs[1]，cs[2]，cs[3]，cs[4]。因此在 gets 函数中使用 cs[i]是合法的。在第二个 for 语句中又嵌套了一个 for 语句组成双重循环。这个双重循环完成按字母顺序排序的工作。在外层循环中把字符数组 cs[i]中的国名字符串拷贝到数组 st 中，并把下标 i 赋予 p。进入内层循环后，把 st 与 cs[i]以后的各字符串作比较，若有比 st 小者则把该字符串拷贝到 st 中，并把其下标赋予 p。内循环完成后如 p 不等于 i 说明有比 cs[i]更小的字符串出现，因此交换 cs[i]和 st 的内容。至此已确定了数组 cs 的第 i 号元素的排序值，然后输出该字符串。在外循环全部完成之后即完成全部排序和输出。

学 习 检 测

一、选择题

1. 以下能对一维数组 a 进行初始化的语句是(　　)。

A. int a[5]={0,1,2,3,4,}　　B. int a(5)={}

C. int a[3]={0,1,2}　　D. int a{5}={10*1}

2. 若有说明：int a[3][4]={ 0 }；则下面正确的叙述是(　　)。

A. 只有元素 a[0][0]可得到初值 0

B. 此说明语句不正确

C. 数组 a 中各元素都可得到初值，但其值不一定为 0

D. 数组 a 中每个元素均可得到初值 0

3. 在 C 语言中对一维整型数组的正确定义为(　　)。

A. int a(10)；

B. int n=10,a[n]；

C. int n；　　a[n]；

D. #define N 10

　int a[N]；

4. 若有以下数组说明，则 i=10；a[a[i]]元素数值是(　　)。

int a[12]={1,4,7,10,2,5,8,11,3,6,9,12}；

A. 10　　B. 9

C. 6　　D. 5

5. 若有说明：int a[][3]={{1,2,3},{4,5},{6,7}}；则数组 a 的第一维的大小为(　　)。

A. 2　　B. 3

C. 4　　D. 无确定值

6. 已知 int a[3][4]；则对数组元素引用正确的是(　　)。

A. a[2][4]　　B. a[1,3]

C. a[2][0]　　D. a(2)(1)

二、填空题

1. 下述程序段的运行结果是________。

```
#include<stdio.h>
main( )
{
        int a[3][3]={1,2,3,4,5,6,7,8,9};
        int s=0,i;
        for(i=0;i<3;i++)
                s+=(*(a+i))[i];
        printf("%d",s);
}
```

2. 把字符数组中的字符串按反序存放，例如：字符串“ABCD”的输出结果应为“DCBA”，请填空。

```
#include<stdio.h>
#include<conio.h>
#include<string.h>
int main()
{
        char a[100],t;
            printr("输入字符串:\n");
            scanf("%s",a);
            int i,j;
            for(i=0,j=strlen(a);i<strlen(a)/2;i++,j--)
            {     t=a[i];
                  a[i]=a[j-1];
                  ________;
            }
            printf("转换后的字符串是:%s\n",a);
            return 0;
}
```

3. 用下面函数把两字符串 s1 和 s2 连接起来。

```
Con(char  s1[ ], char  s2[ ])
{     int i=0,j=0;
      while(s1[i]! ='\0')
            i++;
      while(________)
            s1[i++]=s2[j++];
            s1[i]='\0';
}
```

4. 用下面函数从字符数组 s[ ]中删除字符 c。

```
void del(char  s[ ],  char c)
```

```
{
  int i,j;
  for(i=j=0;s[i]! ='\0';i++)
        if(s[i]! =c)
        s[j++]=s[i];
        ________='\0';
}
```

三、编程题

1. 分别用冒泡法和选择排序法对10个随机整数进行排序。

2. 求二维数组的周边元素之和。

3. 评定奥运会某参赛选手的成绩。设某参赛选手的某项目有8位评委,要求去掉一个最高分和一个最低分,给出其最后得分。

4. 打印出以下杨辉三角形(要求打印出10行)。

```
1
1  1
1  2  1
1  3  3  1
1  4  6  4  1
…  …  …  …
```

第7章 函　　数

问题引入

(1)函数是C语言程序中最基本的构建模块,每个函数简单来说就是组合在一起的C语句,本质上则是一个拥有自身声明和语句的小程序。

(2)在日常开发中,随着解决问题的复杂程度的增加,软件规模也随之变大,所有的程序代码放在main()函数,给程序的编码和调试处理带来了难度。模块化程序设计在某种程度上,解决了该问题,也简化了程序开发的难度。

(3)使用函数可以方便解决数学中诸如方程求解、矩阵运算等的复杂问题,将这些复杂问题划分为不同的子函数,采用函数调用的方式,完成问题的求解。

知识要点

(1)函数的定义和调用。

(2)函数的声明与返回。

(3)数组与函数。

在现实开发中,通常会遇到一些比较复杂的问题,在处理这类问题时,高级程序设计语言提倡将一个复杂任务划分为若干个子任务,每个子任务设计成一个子程序。当子任务较复杂时,继续可以将子任务分解,直到分解成一些容易解决的子任务为止。采用这种“分而治之”的方法,使每个子任务对应一个子程序,子程序在代码上相互独立,而在对数据的处理上又互相联系。这样整个任务由一个主程序和若干子程序构成,主程序起着任务调度的总控作用,而子程序各自完成一个单一的任务。这种“自上而下、逐步求精”的方法就是模块化程序设计方法。

模块化程序设计(modularization programming)的基本思想是将整个应用程序分解为若干功能相对独立、可以单独设计、编程、调试、命名的程序单元,这样的程序单元称为模块,由这些模块构成功能完整的模块化程序,以满足问题的求解。

使用模块化程序设计有以下优点:

(1)容易将复杂的问题分解成一系列简单问题,便于解决实际问题。

(2)单个模块容易编写、查找错误、调试。

(3)可由多人分工合作完成一个复杂任务,软件运行之后维护也方便。

7.1　函数的定义和调用

7.1.1　问题描述与分析

在日常生活中,经常需要打印如下格式的信息:

```
* * * * * * * * * * * * * * * * * *
|  学 号  |  姓  名  |  专    业  |
* * * * * * * * * * * * * * * * * *
|  200101  |  张XX  |  软件工程  |
* * * * * * * * * * * * * * * * * *
|  201103  |  李XX  |  信息技术  |
* * * * * * * * * * * * * * * * * *
```

在该格式中,有许多公用的显示信息(输出“*”),如果使用传统的方式,对显示的每一行信息都逐行打印,在源程序中就存在大量重复的代码,给程序的调试和查错带来不必要的麻烦。根据模块化程序设计的思想,这些信息的输出无须重复编写,可以定义一个专门的子程序(模块),完成该部分内容的输出,在主程序中调用该子程序,即可完成上述格式的打印。在C语言中,通常将这些子程序称为函数。

完成上述格式输出的代码实现为

```c
#include<stdio.h>
        //子程序 print_star():实现一行“*”的输出
void print_star()
{
  printf("* * * * * * * * * * * * * * * * * * * * * * * * * * * * * * * * * *\n");
}
//主程序:实现对子程序的调用
int main()
{
  print_star();      //调用 print_star 函数
  printf("|  学号  |  姓名  |      专业      |\n");
  print_star();//调用 print_star 函数
  printf("| 200101   |张XX |   软件工程 |\n");
  print_star();//调用 print_star 函数
  printf("| 201103   |李XX   |    信息技术 |\n");
  print_star();
  return 0;
}
```

程序执行结果:

程序说明：

(1)C语言源程序是由函数组成的，函数是C语言程序的基本模块，一个C语言程序通常由多个函数构成。其中必须有一个且只能有一个名为main()的主函数，其余函数被main()函数或其他函数调用。

(2)无论main()函数位于程序中什么位置，C程序总是从main()函数开始执行(程序运行的“入口”)，在main()函数中结束整个程序的运行。

(3)在C语言中，所有函数与函数之间是平行的、互相独立的，不能在一个函数内部定义另一个函数，即C语言不允许函数的嵌套定义。

(4)从用户使用的角度，程序中包含两种函数。

1)库函数：由C系统提供，用户无须定义，也不必在程序中作类型说明，只需在程序前包含有该函数原型的头文件即可在程序中直接调用。如：数学函数sin、cos、sqrt等；格式控制输入输出函数scanf、printf等。

2)用户定义函数：由用户按需要编写的函数。对于用户自定义函数，需要在程序中定义函数本身，在主调函数模块中对该被调函数进行类型说明后，才能使用。如例程中的print_star()函数。

(5)从主调函数和被调函数之间数据传送的角度看可分为无参函数和有参函数两种。

1)无参函数：函数定义、函数说明及函数调用中均不带参数。主调函数不需要向被调函数传递数据。

2)有参函数：也称为带参函数。在函数定义及函数说明时都有参数，称为形式参数(简称“形参”)。在函数调用时也必须给出参数，称为实际参数(简称“实参”)。当进行函数调用时，主调函数需要向被调函数传递数据，供被调函数使用。

(6)C语言的函数兼有其他语言中的函数和过程两种功能，从这个角度看，又可把函数分为有返回值函数和无返回值函数两种。

1)有返回值函数：此类函数被调用执行完后将向调用者返回一个执行结果，称为函数返回值。

2)无返回值函数：此类函数用于完成某项特定的处理任务，执行完成后不向调用者返回函数值。这类函数类似于其他语言的过程。由于函数无须返回值，用户在定义此类函数时可指定它的返回为“空类型”，空类型的说明符为“void”。

7.1.2　函数的定义

C语言的函数定义由函数首部和函数体两部分组成。函数首部定义三个内容：函数名、函数形式参数的个数及类型和函数返回值类型。函数体由语句构成，这些语句完成函数的功能。

1.函数定义的一般形式

函数定义的一般形式为

```
[返回值类型] 函数名([形式参数定义表])
{
    //函数体
    /*声明语句部分*/
    /*执行语句部分*/
}
```

其中,方括号括起部分为可选项。

说明:

(1)函数定义格式中,第一行为函数的首部,花括号括起来部分为函数体。

(2)函数名的命名遵循C语言标识符命名规则,在同一程序中,函数名不允许重名。

(3)函数体一般包含声明性语句和执行性语句两类语句。声明性语句部分包括对函数内使用的变量进行定义,以及对要调用函数(用户自定义函数)给予声明等内容;执行性语句部分是实现函数功能的核心部分,由C语言的执行语句组成。

2.无参函数的定义

无参函数定义的一般形式:

```
[返回值类型] 函数名()
{
    //函数体
    /*声明语句部分*/
    /*执行语句部分*/
}
```

定义无参函数时,形式参数表应为空,但函数名后的一对圆括号必须保留。

例如:

```
void print_message( )    //类型名为“void”时,表示函数无返回值
{
    printf("This is my first function\n");
}
```

3.有参函数的定义

有参函数定义的一般形式:

```
[返回值类型] 函数名([形式参数定义表])
{
    //函数体
    /*声明语句部分*/
    /*执行语句部分*/
}
```

在有参函数定义时,形式参数没有具体的值,只有当主函数或其他函数调用该函数时,各形式参数才会得到具体的值,因此形参必须是变量。

例7.1 计算x的n次方,要求x和n通过程序输入。

解 计算 x 的 n 次方，通常的处理方式是，借助循环来完成问题的求解；也可以使用库文件中提供的 pow() 函数用来求 x 的 y 次幂(次方)(x 和 y 及函数值都是 double 型)。

程序代码：

```
#include<stdio.h>
int main()
{
    int x,n;
    double num;
    double power(int x,int n);              //被调函数声明
    printf("Please Input x & n:\n");
    scanf("%d,%d",&x,&n);
    num = power(x,n);                       //用户自定义函数调用
    printf("num=%lf\n",num);
    return 0;
}

/*用户自定义函数:计算 x 的 n 次方*/
double power(int x,int n)
{
    int i;
    double p=1;
    for(i=1;i<=n;i++)
        p = p*x;
    return p;                               //将计算结果返回
}
```

程序执行结果：

```
Please Input x & n:
2,10
num=1024.000000
```

程序说明：

(1)在用户自定义函数(子函数)power 中，“double power(int x,int n)”为函数的首部，其中 power 为函数名，“int x,int n”为形式参数列表，指定了该函数有两个形参 x 和 n，形参的类型均为 int 型，两个形参定义之间用“,”隔开；而函数名前的 double，为函数的返回值。

(2)在子函数体中，变量 i 和 p 的定义为声明性语句，其余部分为执行性语句。

(3)通过 return 语句将函数的值返回给主函数。return 语句的一般形式为

return 表达式;

return 语句的功能首先是终止函数调用，程序执行流程返回到主调函数，其次是把表达式的值带回到主调函数以便做进一步的计算和处理。

7.1.3 函数的调用

定义了一个函数(被调函数)后，这个函数就可以被其他函数(主调函数)调用了，一个函数被

调用的前提是主调函数能够识别被调函数。若被调函数的定义位置在主调函数之前,主调函数能自动识别被调函数。否则,就要在主调函数调用被调函数之前,对被调函数进行说明了。

1. 函数调用的一般形式

函数名(实际参数列表);

无参函数调用形式为

函数名();

说明:

(1)实参可以是变量、常量、表达式,有多个实参时,相互之间用逗号隔开。

(2)形参和实参应该在数目、次序和类型上保持一致。如果被调用函数无参数,实参表为空,但一对圆括号不能省略。

(3)函数调用的一般过程:

1)主调函数在执行过程中,一旦遇到函数调用,系统首先计算实参表达式的值并为每个形参分配存储空间,然后把实参的值复制到对应形参的存储单元中。实参与形参位置一一对应。

2)将控制转移到被调函数,执行其函数体的语句。

3)当执行 return 语句或者到达被调函数体的末尾时,控制返回主调函数的调用处。如果有返回值,同时回送一个值,然后从函数调用点继续执行主调函数后面的操作。

例 7.2 使用调用函数的方式,计算 $n!$,其中 $n>0$。

解 计算 $n!$ 通常有两种方法:①使用递归的方法;②使用循环的方法。题目要求使用调用函数的方式,所有需要用户自定义函数,在该函数中使用上述两种方法的一种,完成 $n!$ 的求解。用户自定义函数的形参是 int 型,返回值为 int 型(即 $n!$ 的计算结果)。

程序代码:

```
#include<stdio.h>
int main()
{
    int n,sum;
    int jc(int k);              /* 函数声明 */
    printf("Please input the n:\n");
    scanf("%d",&n);
    if(n<0)
        printf("Input error! \n");
    else
    {
        if(n==0)
            sum=1;
        sum = jc(n);          /* 调用 jc()函数,计算 n! */
        printf("%d! =%d\n",n,sum);
    }
}

int jc(int k)
```

```
{
  int count =1;
  int i;
  for(i=1;i<=k;i++)
      count = count * i;
  return count;
}
```

程序执行结果：

```
Please input the n:
5
5!=120
```

2. 函数调用的方式

根据函数调用在程序中出现的位置和形式来分，函数调用可分为三种方式。

(1)函数调用语句方式。该方式将函数调用作为单独一个语句。如按固定格式输出实例中，调用“*”的输出语句：

print_star();

(2)函数表达式方式。函数调用出现在另一个表达式中，如“sum = jc(n);”

(3)函数参数方式。在该方式中，将函数调用作为一个函数的实参。

例如：

```
int max(int a,int b)
{
    int c;
    c= (a>b) ? a : b;
    return c;
}
```

该函数的功能是返回 a 和 b 中较大的数。对该函数的调用，可采用：

```
m = max(a,max(b,c));        /* m 的值为 a,b,c 三个数中的最大者 */
```

3. 形参与实参

在函数调用过程中，系统会把实参的值传给被调函数的形参，在此期间，实参必须有确切的值，它可以是一个变量、常量或表达式。C 语言规定，实参变量对形参变量的数据传递是单向的“值传递”，即实参可以传给形参，但形参不能传回给实参(形参不能影响到实参的值)。

在函数定义时指定的形参，当未出现函数调用时，并不占用内存中的存储单元，只有在函数被调用时才分配给存储单元。

例 7.3　编写程序，验证函数调用前后实参与形参变化情况。

解　C 语言规定实参可以传给形参，但形参不能传回给实参(形参不能影响到实参的值)，因此在用户自定义函数中输出形参的值，在主函数调用完用户自定义函数后，输出实参的值，以此查看函数调用前后实参与形参的变化情况。

程序代码：

```
#include<stdio.h>
int main()
```

```
{
    void xc_value(int x,int y);      /*函数声明*/
    int m,n;
    printf("Please input the m,n:\n");
    scanf("%d,%d",&m,&n);
    xc_value(m,n);
    printf("子函数调用后,实参值:\n");
    printf("m=%d,n=%d\n",m,n);
    return 0;
}
void xc_value(int x,int y)
{
    x++;
    y++;
    printf("调用子函数时:\n");
    printf("x=%d,y=%d\n",x,y);
}
```

程序执行结果:

```
Please input the m,n:
3,5
调用子函数时:
x=4,y=6
子函数调用后,实参值:
m=3,n=5
```

7.2 函数返回值与声明

7.2.1 问题描述与分析

在数学中,我们经常会碰到对一元高次方程的求解,通常使用牛顿迭代法、弦截法,或其他方法来求解。在这些方法求解过程中,需要不断修改区间的值,以此判断函数结果在对应区间值的符号,在此过程中,需要在某个函数中嵌套调用另一个函数,完成高次方程的求解。

例7.4 使用弦截法求方程 $x^3-5x^2+16x-80=0$ 的根。

解 弦截法求方程根的基本方法:先取两个不同的点 x_1 和 x_2,满足 $x_2>x_1$,如果 $f(x_1)$ 和 $f(x_2)$ 的符号相反,则在区间 (x_1,x_2) 中必有一个实根(见图7-1)。注意 x_1 和 x_2 的值不能相差太大,以保证 (x_1,x_2) 区间内只有一个根。然后连接 $f(x_1)$ 和 $f(x_2)$ 两点,此线交 X 轴于点 x,x 点坐标可用下列公式求出,有

$$x=\frac{x_2*f(x_1)-x_1*f(x_2)}{f(x_1)-f(x_2)}$$

再从 x 求出 $f(x)$。若 $f(x)$ 与 $f(x_1)$ 同符号,则根在 (x,x_2) 区间内,此时将 x 作为新的 x_1;如果 $f(x)$ 和 $f(x_2)$ 同符号,则表示根在 (x_1,x) 区间内,将 x 作为新的 x_2。这样重复下去,

直到 $|f(x)|$ 小于给定的一个数为止。

通过弦截法求高次方程根的基本方法可以看出，当计算新的 x 时，需要调用 $f(x_1)$ 和 $f(x_2)$ 的值。在程序具体实现时，一般将求解 $f(x)$ 的过程，定义为一个函数来实现；将求解新 x 值过程，定义为另一函数。这样在求解 x 的函数中，需要调用求解 $f(x_1)$（实参为 x_1 的 $f(x)$ 调用），在此过程中，存在函数嵌套调用。

所谓函数嵌套调用指当一个函数作为被调用函数时，它可以作为另一个函数的主调函数，而它的被调用函数又可以调用其他的函数。在C语言中，不允许函数的嵌套定义（一个函数不能定义在另一个函数体中），但可以嵌套调用。

图7-2说明了嵌套调用的一般过程：①执行 main 函数的开头部分；②在执行 main 函数过程，主函数中调用 a 函数，则转到 a 函数；③执行 a 函数的开头部分；④在执行 a 函数过程，调用 b 函数，则转到 b 函数；⑤执行 b 函数，完成 b 函数的所有操作；⑥返回到 a 函数中调用 b 函数的位置；⑦继续执行 a 函数，完成 a 函数的所有操作，至 a 函数结束；⑧返回主函数调用 a 函数的位置；⑨继续执行主函数，完成主函数的所有操作，至主函数结束。

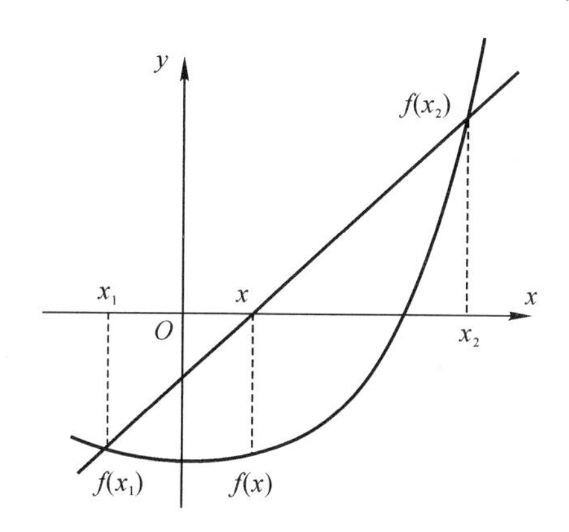

图7-1 弦截法求解高次方程的基本原理

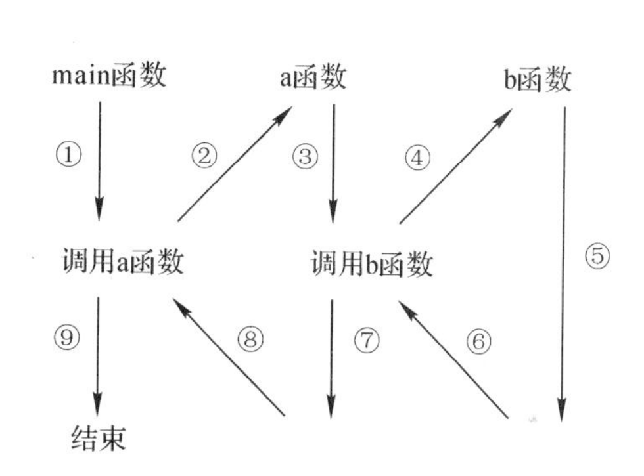

图7-2 函数嵌套调用的一般过程

弦截法求解一元高次方程根的C语言实现程序代码为

```
#include<stdio.h>
#include<math.h>

/*计算 f(x)= x³-5x²+16x-80 的值*/
double  f(double x)
{
    double y;
    y = x*x*x-5*x*x+16*x-80;
    return y;
}
/*使用计算 x 的公式求 x 的值*/
double  x_point(double x1,double x2)
{
    double y;
    y = (x1*f(x2)-x2*f(x1))/(f(x2)-f(x1));
```

```
    return  y;
}

/*计算x近似值*/
double  root(double x1,double x2)
{
    double x,y,y1;
    y1 = f(x1);
    do
    {
      x = x_point(x1,x2);
      y = f(x);
      if( y*y1>0)          /*调整区间为(x1,x)还是(x,x2)? */
      {
        y1 = y;
        x1 = x;
      }
      else
        x2 = x;
    }while(fabs(y)>=0.0001);
    return x;
}
int main()
{
    double  x1,x2,f1,f2,x;
    /*通过循环找满足条件的x1,x2*/
    do
    {
        printf("Please Input  x1,x2:\n");
        scanf("%lf,%lf",&x1,&x2);
        f1 = f(x1);
        f2 = f(x2);
    }while(f1*f2>=0);
    x = root(x1,x2);
    printf("x=%lf\n",x);
    return 0;
}
```

程序执行结果:

```
Please Input  x1,x2:
2,4
Please Input  x1,x2:
2,5
Please Input  x1,x2:
2,6
x=4.999999
```

程序说明：在该程序中，函数之间的嵌套关系如图 7－3 所示。

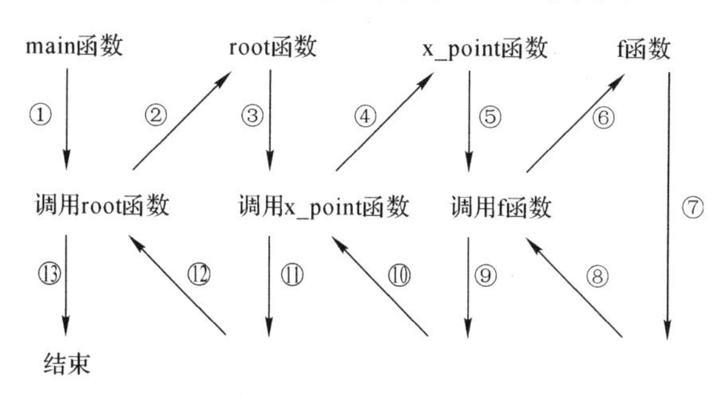

图 7－3　弦截法求解一元高次方程根的嵌套关系

7.2.2　函数的返回值

当使用函数调用时，被调用函数一般都有一个确定的值返回给主调用函数，这个值就是函数的返回值。如弦截法求解一元高次方程根中的 x_poin()函数中，返回一个 double 型的值，然后将该值赋给变量 y。

函数的返回值是通过函数中的 return 语句获得。C 语言 return 语句的一般格式为

```
return [(表达式)];
```

其中：方括号括起部分为可选项。表达式可以是一个常量、变量、数组元素、函数调用语句、算术表达式等。

被调用函数中可以有多个 return 语句，但是只能返回一个值，不能返回多个值。当执行到一个 return 语句时，被调用函数结束，程序返回到主调函数中。

例如：

```
int max(int a,int b)
{
    int c;
    c= (a>b) ? a : b;
    return c;
}
```

该函数就包含两个返回值，a 和 b 不管满足什么条件，每次都返回一个值。

说明：

(1)一个函数没有返回值，return 后面可不带表达式，即“return;”。

(2)如果不需要从被调函数带回函数值，则被调函数中可以不要 return 语句。

(3)return 语句后面的表达式，可以用圆括号也可以不用圆括号括起来。

在定义函数时对函数返回值说明的类型一般应和 return 语句中的表达式类型一致。如果函数返回值的类型和 return 语句的表达式的类型不一致，则以函数返回值类型为准。

对于不带返回值的函数，应当定义函数为 void 类型(或称为“空类型”)。

例如在屏幕上输出矩形星图的函数：

```
void printf_star()
{
  int i,j;
```

```
    for(i=1;i<=4;i++)
    {
        for(j=1;j<=4;j++)
          printf(" * ");
        printf("\n");
    }
}
```

一般情况下,应使 return 语句返回值的类型和定义函数时对函数值说明的类型一致,以免丢失数据。

7.2.3 函数的声明

C语言对函数定义的位置并没有加以严格限制,被调函数也可以出现在主调函数之后,此时,必须要在主调函数中的调用语句之前进行函数声明。

所谓函数声明就是在编译系统认识被调用函数之前,先告诉编译系统该函数已经存在,并将有关信息,如函数的返回值类型,函数参数的个数、类型及其顺序等通知编译系统,使编译过程正常执行。

函数声明的一般形式如下:

[返回值类型] 函数名([形式参数定义表]);

或

[返回值类型] 函数名(数据类型列表);

例如上面 x_point 函数的正确声明语句为

```
double  x_point(double x1,double x2);
```

或

```
double  x_point(double,double);
```

声明 x_point 函数的主要目的,就是告诉编译系统在程序中存在一个被调用的 x_point()函数,该函数的返回值是 double 型,有两个形参,类型都是 double 型。

说明:

(1)函数声明是通过函数语句来实现的,因此声明语句后边,必须以“;”结束。

(2)函数声明中不能只写形参名而不写类型;由于函数调用是按参数顺序进行传递的,所以函数声明中形参的次序也不能写错。

(3)函数声明的位置既可以在所有函数的外部,也可以在函数的内部。如果函数声明在所有函数外部,那么在该函数声明语句之后出现的所有函数都可以调用被声明的函数;如果函数声明在某个函数内部,那么仅在声明它的函数内部可以调用该函数。

(4)对C编译提供的库函数的调用不需要再做函数声明。

7.3 内部函数与外部函数

7.3.1 内部函数

如果一个函数只能被本文件中其他函数所调用,则称该函数为内部函数。定义内部函数时,在函数名和函数类型的前面加 static 修饰,所以内部函数也称为静态函数。C语言定义内部函数的一般形式如下：

static [返回值类型] 函数名([形式参数定义表])；

例如，move 函数定义为内部函数如下：

```
static int move (int a,int b)
{
     /* 函数体部分 */
}
```

则函数 move()为内部函数，不能被其他文件调用。

7.3.2 外部函数

如果在定义函数时，在函数首部的最左端添加关键字 extern，则称该函数为外部函数，可以供其他文件所调用。C 语言定义外部函数首部的一般形式：

extern [返回值类型] 函数名([形式参数定义表])；

例如，move 函数定义为外部函数如下：

```
extern int move (int a,int b)
{
   /* 函数体部分 */
}
```

说明：若在定义时省略 extern，则该函数隐含为外部函数，以前定义的函数均为外部函数。即只要不在函数前面加 static 均看成外部函数。

7.4 程序举例

7.4.1 排序问题的函数实现

排序是程序设计中常见问题之一，其目的是将一些组“无序”的记录序列调整为“有序”的记录序列。程序设计中有各种排序的算法，如冒泡排序、选择排序、插入排序等，不同的排序算法在时间复杂度和空间复杂度方面有所不同。对无序数据的存储，一般选用数组来保存。使用函数实现排序，函数的形参或实参变成了数组元素或数组名，在此需要注意：当用数组元素作为实参时，向形参变量传递的数据元素的值，而用数组名作为函数实参时，向形参(数据名或指针变量)传递的是数组首元素的地址。

例 7.5 从键盘输入任意的 10 个整数，通过调用 sort()函数实现对这 10 个整数按从大到小的排序，返回主调函数后，输出排序结果。

解 “无序”数据的排序可选用“选择法”来实现。

所谓选择法就是先将 10 个数中的最小的数与 a[0]对换；再将 a[1]～a[9]中最小的数与 a[1]对换，再将 a[2]～a[9]中最小的数与 a[2]对换，……依次完成，每比较一轮，找出一个未经排序的数中最小的一个。共比较 9 轮。

以 5 个数为例说明选择法排序的步骤：

a[0]	a[1]	a[2]	a[3]	a[4]	
10	21	41	5	9	未排序数据
5	21	41	10	9	第一轮:最小数5跟a[0]交换
5	9	41	10	21	第二轮:剩余4个数中最小者9跟a[1]交换
5	9	10	41	21	第三轮:剩余3个数中最小者10跟a[2]交换
5	9	10	21	41	第四轮:剩余3个数中最小者21跟a[3]交换

程序代码:

```
#include<stdio.h>
int main()
{
   int a[10];
   int i;
   void sort(int array[],int n);         /*函数的声明*/
   printf("Please Input the Data:\n");
   for(i=0;i<=9;i++)
         scanf("%d",&a[i]);
   printf("Please the sorted Data:\n");
   sort(a,10);         /*调用sort函数,a为数组名,数组大小为10*/
   for(i=0;i<=9;i++)
         printf("%5d",a[i]);
   printf("\n");
   return 0;
}

void sort(int array[],int n)
{
   int i,j,k;
   int temp;                  /*数值交换的中间变量*/
   for(i=0;i<n-1;i++)
   {
      k = i;
      /*查找每组序列中最小的下标,存放在k中*/
      for(j=i+1;j<n;j++)
      {
         if(array[j]<array[k])
            k=j;
      }
      /*最小值array[k]与array[i]的交换*/
      temp = array[k];
      array[k] = array[i];
```

```
        array[i] = temp;
    }
}
```

程序执行结果：

```
Please Input the Data:
12 23 7 45 90 3 8 6 15 -23
Please the sorted Data:
  -23    3    6    7    8   12   15   23   45   90
```

在 sort()函数中，形参数组可以不制定大小，在定义数组时在数组名后面跟一个空的方括号，另一个形参代表数组大小(数组元素个数)。该函数的参数接收主函数的数组 a 的首地址和数组 a 的大小，排序过程中进行数据交换，实际上是对主函数 a 数组中数据的交换。

7.4.2　矩阵运算的函数实现

在数学中，矩阵是一个按照长方阵列排列的复数或实数集合，最早来自于方程组的系数及常数所构成的方阵。矩阵是高等数学中的常见工具，也常见于统计分析等应用数学学科中。而矩阵的运算通常包括求矩阵元素主对角线元素之和、矩阵的转置、两个矩阵的加、减运算等。

在 C 语言中，矩阵数据的存储通常选用二维数组来表示，而矩阵运算转化为对二维数组的运算。

例 7.6　有两个矩阵 ***A*** 和 ***B***，编写程序计算：

(1)矩阵 ***A*** 的主对角线之和；

(2)矩阵 ***A*** 和 ***B*** 之和；

(3)矩阵 ***A*** 的转置。

$$\boldsymbol{A}=\begin{bmatrix}1 & 2 & 3\\4 & 5 & 6\\7 & 8 & 9\end{bmatrix},\quad \boldsymbol{B}=\begin{bmatrix}5 & 1 & 4\\3 & 2 & 7\\0 & 8 & 9\end{bmatrix}$$

解　矩阵 ***A*** 和 ***B*** 的存储，选用两个二维整型数组 a[3][3]和 b[3][3]来存储。矩阵 A 的主对角线之和，对应数组元素分别为 a[0][0]、a[1][1]和 a[2][2]，而这些元素下标均有一特点：行下标和列下标相等；矩阵 ***A*** 和 ***B*** 都为 3×3 矩阵，因此矩阵 ***A*** 和 ***B*** 之和，就是对应元素之和(即 a[0][0]+b[0][0]、a[0][1]+b[0][1]等为新矩阵对应元素)；矩阵 ***A*** 的转置就是将矩阵的第一列作为转置矩阵的第一行，第一行作为转置矩阵的第一列。

程序代码：

```
#include<stdio.h>
int main()
{
    /*矩阵数据的存储*/
    int a[3][3] = {{1,2,3},{4,5,6},{7,8,9}};
    int b[3][3] = {{5,1,4},{3,2,7},{0,8,9}};
    /*函数声明*/
    int count(int jz[][3]);
    void add(int jz1[][3],int jz2[][3]);
```

```
    void move(int jz[][3]);
    int sum;
    printf("矩阵主对角线元素之和:");
    sum = count(a);
    printf("sum=%d\n",sum);
    add(a,b);
    move(a);
    return 0;
}

/*计算矩阵主对角线之和*/
int count(int jz[][3])
{
    int i,j;
    int sum = 0;
    for(i=0;i<3;i++)
    {
        for(j=0;j<3;j++)
        {
          if(i==j)     /*主对角线*/
              sum = sum + jz[i][j];
        }
    }
  return sum;
}

/*矩阵加法运算*/
void add(int jz1[][3],int jz2[][3])
{
    int jz3[3][3];         /*存储矩阵 A 和 B 之和*/
    int i,j;
    for(i=0;i<3;i++)
    {
        for(j=0;j<3;j++)
          jz3[i][j] = jz1[i][j] + jz2[i][j];
    }
    printf("矩阵加法运算结果为:\n");
    for(i=0;i<3;i++)
    {
        for(j=0;j<3;j++)
          printf("%4d",jz3[i][j]);
```

```
            printf("\n");

        }
    }

    /*矩阵的转置*/

    void move(int jz[][3])
    {
        int i,j;
        int jz3[3][3];
        for(i=0;i<3;i++)
            for(j=0;j<3;j++)
              jz3[i][j] = jz[j][i];          /*矩阵转置*/
        printf("转置后矩阵为:\n");
        for(i=0;i<3;i++)
        {
            for(j=0;j<3;j++)
              printf("%4d",jz3[i][j]);
            printf("\n");

        }
    }
```

程序执行结果：

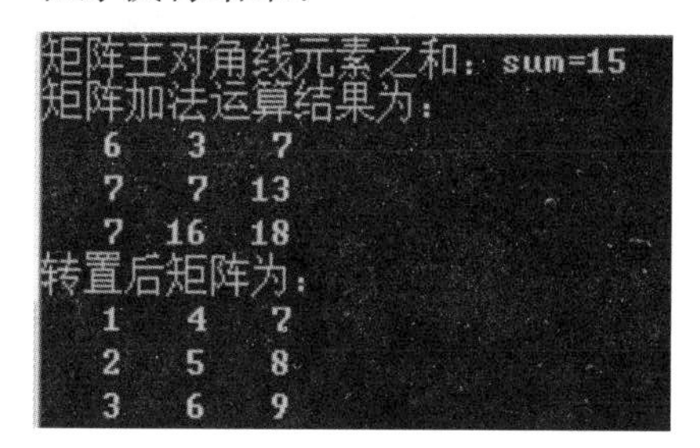

与一维数组一样，在上述子函数中，使用二维数组名可以作为函数的形参和实参，在被调用函数中对形参数组定义时可以指定每一维的大小，也可以省略第一维的大小说明。子函数move() 可选用的函数头定义有：

```
void move(int jz[][3])
```

或

```
void move(int jz[3][3]
```

不合法的函数头定义：

```
void move(int jz[][])
```

因此，在C语言中，当二维数组作为函数参数时，在被调用函数中对形参数组定义时可以指定每一维的大小，也可以省略第一维大小的说明，但是不能把第二维的说明省略。

学习检测

一、选择题

1. 下列说法中,不正确的是(　　)。

A. 实参可以为任意类型　　B. 形参与对应实参的类型要一致

C. 形参可以是常量、变量或表达式　　D. 实参可以是常量、变量或表达式

2. 实参为简单变量,与其对应形参之间的数据传递方式(　　)。

A. 由用户另外制定传递方式　　B. 双向值传递

C. 单向值传递　　D. 地址传递

3. 若有定义"int x, * p;",则以下正确的赋值表达式是(　　)。

A. p = &x;　　B. p = x;

C. * p=&x;　　D. * p= * x;

4. 设已经有定义"float x;",则下列对指针变量 p 进行定义且赋初值的语句正确的是(　　)。

A. float * p = 1024;　　B. int * p = (float)x;

C. float　p=&x;　　D. float * p=&x;

5. C 语言函数返回值的类型是由(　　)决定的。

A. return 语句中的表达式类型　　B. 调用函数的主调函数类型

C. 调用函数时临时　　D. 定义函数时所指定的函数类型

二、填空题

1. 当函数调用的实参与对应的形参都是数组时,参数传递方式为________;都是普通变量时,参数传递方式为________。

2. 以下程序运行后,第一行将输出________,第二行将输出________。

```
#include<stdio.h>
int x,y,z,w;
void p(int x, int * y)
{
    int z;
    ++x;
    ++ * y;
    z=x+ * y;
    w+=x;
    printf("%3d%3d%3d%3d\n",x, * y,z,w);
}
int main()
{
    x=y=z=w=2;
```

```
    p(y,&x);
    printf("%3d%3d%3d%3d\n",x,y,z,w);
    return 0;
}
```

3. 执行完下列语句后,i 的值为________。

```
int f(int x)
{
    return ((x>0)? x*f(x-1):3);
}
i= f(f(1));
```

4. 下面程序的运行结果是________。

```
#include<stdio.h>
void func(int br[])
{
    int i=1;
    while(br[i]<=10)
    {
        printf("5d%",br[i]);
        i++;
    }
}
int main()
{
    int arr[]={2,4,8,10,8,4,1,9,7};
    func(arr+1);
    printf("\n");
    return 0;
}
```

5. 填写适当的内容,使下面程序的输出结果为 264。

```
#include<stdio.h>
int func(int m,int n)
{
    rcturn (m * n);
}
int main()
{
    int a=3,b=11,c=8,d;
    printf("%d\n",func(func(________),c));
    return 0;
}
```

三、编程题

1. 键盘输入任意 3 个整数,利用函数嵌套调用的方式,求出 3 个整数中的最小值和最大值。

2. a 是一个 2×4 的整型数组,且各元素均已赋值。函数 max_value 可求出其中的最大元素 max,并将此值返回主调用函数。今有函数调用语句“max=max_value(a);”请编写 max_value 函数。

3. 编写程序,要求找出满足下列条件的三位整数。

(1)它是完全数。所谓完全数是指一个数它所有的真因子(即除了自身以外的约数)的和(即因子函数),恰好等于它本身。

(2)该数中有两位数相同。

4. 编写程序,使能对分数进行加、减、乘、除四则运算的练习。即要求:对输入的两个分数可以进行加、减、乘和除运算的选择,并将结果以分数形式输出。

5. 编写几个函数,要求分别实现下列功能:

(1)输入 10 个学生的学号和姓名;

(2)按学号由小到大顺序排序,姓名顺序也随之调整;

(3)要求输入一个学生学号,用折半查找法找出该学生的姓名,从主函数输入要查找的学号,输出该学生姓名。

注:折半查找法的基本思想:设查找数据的范围下限为 l=1,上限为 $h=5$,求中点 $m=(l+h)/2$,用 X 与中点元素 am 比较,若 X 等于 am,即找到,停止查找;若 X 大于 am,替换下限 $l=m+1$,到下半段继续查找;若 X 小于 am,换上限 $h=m-1$,到上半段继续查找;如此重复前面的过程直到找到或者 $l>h$ 为止。如果 $l>h$,说明没有此数,打印找不到信息,程序结束。

6. 编写一个函数,用“冒泡法”对输入的 10 个整数按照由小到大顺序排列。

7. 编写一个函数判断输入的整数是否为素数,要求在主函数输入一个整数,输出是否为素数的信息。

8. 形参选用指针变量方式,完成对输入 10 个整数中,最小的数与第一个数对换,把最大的数与最后一个数对换。要求编写 3 个函数:

(1)输入 10 个整数;

(2)进行处理;

(3)输出 10 个整数

9. 编写函数,完成将一维数组 a[10]个整数的位置发生对换,即 a[0]和 a[9],a[1]和 a[8],a[2]和 a[7],……值的交换,并输出转换后的数组值。

要求:使用下标法和指针法两种方式实现。

10. 编写一个函数,用阶乘倒数之和求 e 的近似值,即

$$e=1+\frac{1}{2!}+\frac{1}{3!}+\cdots+\frac{1}{n!}$$

其中,n 的值在主函数中通过键盘输入完成。

第8章 指　　针

问题引入

(1)程序中需要处理的数据都存放在内存数据区的存储单元中,数据在其中的存储位置就是指针。

(2)在程序设计中,经常会碰到需要将两个变量的值进行交换,在同一函数中处理时,通常采用中间变量的方法,完成两个变量的值交换的目的。但使用中间变量在子函数实现变量值的交换,在主调函数中完成对子函数的调用后,实际参数的值并未交换。此时可选用指针来完成这一功能。

(3)指针是C语言的核心和精髓,清晰掌握指针的相关概念、熟练使用指针来处理程序中的数据,可以提高程序编译效率和执行速度,使程序更灵活。

知识要点

(1)指针基础知识。

(2)指针变量。

(3)数组与指针。

(4)字符串指针。

(5)函数指针。

8.1 指针基础知识

程序的作用就是处理数据,在程序运行过程中,被处理的数据需要存放在计算机的内存中。内存的最小存储单位是“位(bit)”,每一个位可以存放一个二进制的0或1。内存中的数据都是以字节(byte)为基本单位的,每8个二进制位构成一个字节。通常我们所说的计算机的内存容量,指的就是内存中的字节的个数。例如我们说某计算机的内存是1 GB,即指在该计算机的内存中,共有1 024×1 024个字节。

为了区分不同字节,计算机为每一个字节都指定了一个编号,称为该字节的地址。地址以数字的形式表示,类似于超市的自助储物柜的储物箱编号,储物柜的每一个储物箱都有一个编号,即这个储物箱的地址,通过这个地址就可以找到该储物箱,储物箱里存放的就是顾客的物品。

系统内存类似于带有编号的存放数据的小房间,如果需要使用哪个数据只要找到对应存放的房间编号即可,这个存放该数据的房间编号就是地址。数据是存放在内存中的,但并不一定一个数据就恰好占一个字节,而是一个数据占用多个字节。例如,在16位计算机中,C程序中的一个int型的数据,在内存中占用两个字节,而一个float型的数据要占用内存中的四个字节。一个数据在内存中占用的多个字节必定是连续的,我们把一个数据占用的第一个字节的地址称为该数据的地址,也称为该数据的指针。如图8-1所示,1024、1028、1032就是内存数据区的存储单元地址(即数据存放房间编号),21、19、20是对应存储单元的存储内容。图示变量a在内存中的起始地址是1024,变量a的值为21。

注意:务必理解存储单元的地址和存储单元的内容两个概念。

所有程序中定义的变量,在程序编译时就会根据变量的类型在内存单元中分配一定长度的存储空间,此内存空间有一个编号即地址,通过该地址就可以找到该内存空间,该空间存放的就是该变量的值,因此,可以说地址指向该变量单元,可将地址形象化地称为"指针"。

例如以下代码:

```
int  age = 20;
```

在此段代码中,程序在编译时根据变量age的数据类型为int类型,在内存单元中为其分配4个字节的存储空间(32位计算机),并把整数20存放在该位置。这个内存单元的位置编号就是该内存单元的地址,该地址存放的整数20就是该内存单元里存放的内容,这时就可以说此地址指向变量age。

图8-2所示为变量age在内存中存放的示意图。由图不难看出,变量age的值20存放在内存中起始地址是1004的存储单元中。1004就是该存储单元的地址,20是该存储单元的内容。

由上可知,在程序中定义了一个变量,系统进行编译时就会给该变量在内存中分配一个存储空间,通过访问该存储空间的地址就可以找到该变量,这个地址就称为该变量的指针。

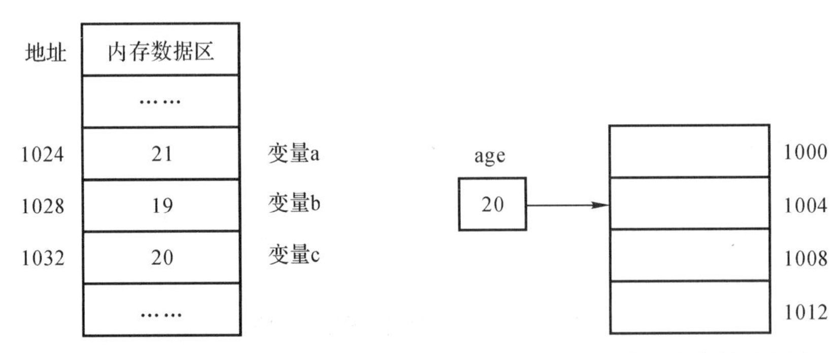

图8-1　变量内存存放　　　图8-2　变量在内存存放示意图

8.2　指针变量

变量和指针之间连接的桥梁就是变量的地址,如果一个变量里存放了另一个变量的地址,就可以说第一个变量指向第二个变量。因此,专门用来存放地址的变量称为指针变量,即指针变量里存放着另一个变量的地址,也可以说指针变量用来指向另一个对象。例如,变量x的地址存放在指针变量y中,y就指向变量x,y就是指针变量,其关系如图8-3所示。

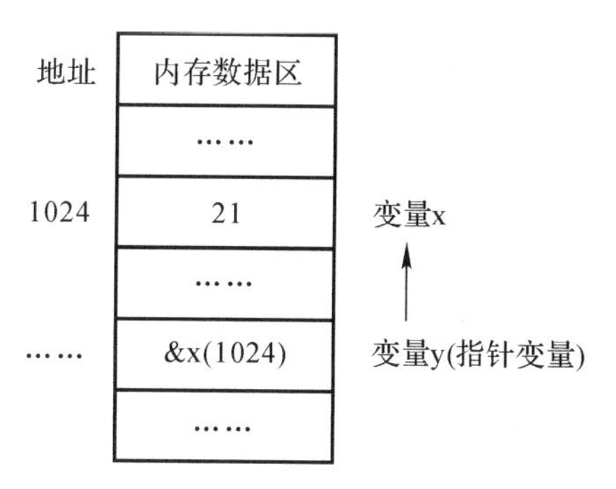

图 8-3　指针变量与其指向变量关系图

例 8.1　使用指针变量输入变量的值。

解　以前我们要输出的变量值，通常都是使用变量名的方式来完成。C 语言中也可以使用指针变量输出变量的值。具体实现方式是将变量的地址赋给指针变量，然后输出指针变量指向变量的值。

程序代码：

```
#include<stdio.h>
int main()
{
    int x = 20;                          //定义基本整型变量 x，并赋初值
    int *point;                          //定义指向基本整型数据的指针变量 point
    point = &x;                          //将变量 x 的地址赋给指针变量
    printf("x=%d\n",x);                  //输出变量 x 的值
    printf("*point=%d\n",*point)         ;//输出指针变量指向变量的值
    return 0;
}
```

程序执行结果：

```
x=20
*point=20
```

程序说明：

(1)主函数内首先定义基本整型变量 x 并赋值 20，随后定义了一个指针变量 point，该指针变量仅能指向基本整型变量，如图 8-4(a)所示。

(2)主函数内程序第 3 行，将变量 x 的地址存入指针变量 point 内，如图 8-4(b)所示。

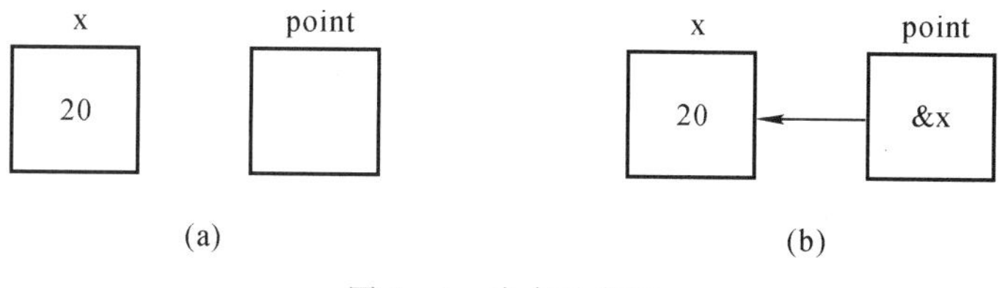

图 8-4　内存示意图

(3)主函数内程序第 4 行，输出变量 x 的值，则格式输出“x=20”。

(4)主函数内程序第5行,输出指针变量 point 中存储的地址内存放的值20,即 * point。

(5)程序中 &x 表示变量 x 的地址,定义指针变量的语句中 * point 表示定义 point 变量为指针变量,输出语句中的 * point 则表示指针变量 point 指向的变量值。

对于指针变量的几点说明:

(1)指针变量跟普通变量一样,也占用内存单元,而且各类指针变量占用内存单元的数目均相同。

(2)一个指针变量定义后,其所能指向变量的类型就确定了。即一个指针变量只能指向同一个类型的变量,不能一会指向整型变量,一会指向一个浮点类型变量。

(3)一般来说,指针变量可以指向任何类型的对象,如可以指向普通变量、数组、函数,也可以指向结构体、文件(后续章节中将介绍其他指针变量)。

8.2.1 指针变量的定义

定义指针变量的一般形式为

类型名 *指针变量名;

其中,类型名用来指定该指针变量可以指向的变量的数据类型,该类型也称为基类型;* 表示定义了指针变量;指针变量名可根据需要自定义为合法的变量标识符。

例如以下语句:

```
char *a;          //定义了一个字符型指针变量 a
int *b;           //定义了一个基本整型指针变量 b
double *c;        //定义了一个双精度类型指针变量 c
```

在定义指针变量时应注意以下几点:

(1)定义指针变量时必须定义基类型。

(2)符号"*"表示该变量是指针变量。

(3)指针变量中仅能存放地址。

8.2.2 指针变量的引用

1. 相关运算符

&:取地址运算符,获取对应变量的地址值。

*:指针运算符(也称间接访问运算符),代表指针变量指向的对象。

例如,&a 代表变量 a 的地址;* pointer 是指针变量 pointer 指向的对象。

例 8.2 使用间接访问运算符,实现对指针变量所指向的变量进行运算。

解 使用间接访问运算符,本质上要区分采用取地址运算("&")时,是将变量的存储地址赋给指针变量;而对指针变量进行"间接访问"运算("*"),是其指向的内容(值)。

程序代码:

```
#include<stdio.h>
int main()
{
    int x,y,flag1,flag2;
    int *p1,*p2;
```

```
    x = 20;
    y = 30;
    p1 = &x;/ * p1 为指针变量 * /
    p2 = &y;/ * p2 为指针变量 * /
    printf("使用传统方式:\n");
    flag1 =  x + y;
    flag2 =  x - y;
    printf("flag1 = %d   flag2 = %d\n",flag1,flag2);
    printf("使用指针间接访问方式:\n");
    flag1 = * p1 + * p2;/ * 求解 x+y 的值 * /
    flag2 = * p1 - * p2;/ * 求解 x-y 的值 * /
    printf("flag1 = %d   flag2 = %d\n",flag1,flag2);
    return 0;
}
```

程序执行结果：

```
使用传统方式:
flag1 = 50   flag2 = -10
使用指针间接访问方式:
flag1 = 50   flag2 = -10
```

在C语言中，同指针变量相关的赋值运算常用的几种形式：

(1)类型相同的指针变量之间的赋值。例如：

```
int x, * p1, * p2;
p1 = &x;
p2 = p1;          / * p1 和 p2 均指向整型变量 x * /
```

(2)将数组首地址或数组的某个元素的地址赋予同类型的指针变量。例如：

```
int num[10], * p1, * p2;
p1 = num;         / * 数组名代表数组的首地址,故可以将其赋予指针变量 p1 * /
p2 = &num[2]; / *  &num[2]代表取数组第 3 个元素的地址赋给 p2 * /
```

(3)将字符串的首地址赋给指向字符类型的指针变量。例如：

```
char * p1;
p1 = "This is my first program";
```

或者使用初始化方式：

```
char * p2 ="Hello world!";
```

p1 和 p2 中存放的是字符串的首地址，而不是将整个字符串赋给指针变量。对于该知识点的理解，可以参照字符数组与指针变量的赋值来加深理解。

(4)将函数的入口地址赋予指向函数的指针变量。例如：

```
int max(int,int);          / * 存在函数 max,该函数有两个整型的形参 * /
int  ( * p)(int,int);      / * 定义了指向函数的指针变量 * /
p = max;                   / * 将 max 函数的入口地址赋给指针变量 p * /
```

2. 指针变量的赋值

指针变量是专门存放另一个变量地址的变量，它同普通变量一样，使用前需要定义并赋初值。指针变量赋值只能是地址。

指针变量赋值的一般形式:

```
& 变量名;
```

例如以下语句:

```
char a = 'c';                  //定义字符变量a,变量里存放字符'c'
char * pointer;                //定义基类型为字符型的指针变量pointer
pointer = &a;                  //将变量a的地址赋给指针变量pointer
```

在此段语句运行后,指针变量pointer指向变量a,如图8-5所示。

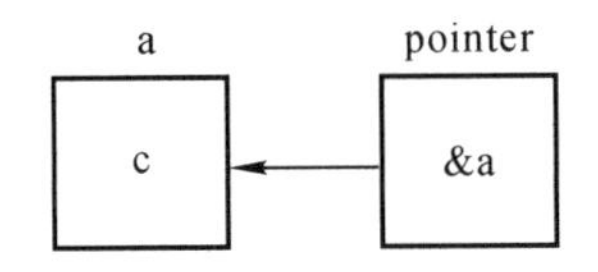

图8-5 指针变量赋值内存示意图

例8.3 利用指针变量,编程完成任意输入a和b两个整数,按从大到小顺序输出。

解 定义两个指针变量分别指向输入的两个数a和b,对两数进行大小判断后,使用指针运算符将两个数按大小顺序输出。

程序代码:

```
#include<stdio.h>
int main()
{
    int a,b;                        //定义整型变量a,b
    int * point1, * point2;         //定义基类型为基本整数类型的指针变量point1,point2
    scanf("%d,%d",&a,&b);           //从键盘输入两个整数分别存储在变量a和b中
    point1 = &a;                    //指针变量point1指向变量a
    point2 = &b;                    //指针变量point2指向变量b
    if(a>b)                         //a值大于b
        printf("max=%d,min=%d\n", * point1, * point2);
                                    //利用指针变量输出指向变量的值
    else                            //a值不大于b
        printf("max=%d,min=%d\n", * point2, * point1);
                                    //利用指针变量输出指向变量的值
        return 0;
}
```

程序执行结果:

```
12,65
max=65,min=12
```

注意:不允许给指针变量直接赋常量值。例如以下代码:

```
int * point;
point = 1036;
```

是不允许的。

3. 指针变量值的引用

对指针变量值的引用就是引用该指针变量所指向变量的地址，即就是引用被指变量的地址值。例如以下程序：

```
int a = 20;
int * pointer;
pointer = &a;
/* 将指针变量 pointer 的值以十进制形式输出。此段程序运行后，以十进制形式输出变量 a 的地址，而不是输出变量 a 的值 20 */
printf("pointer=%d\n",pointer);
```

程序执行结果：

```
pointer=1638212
```

4. 指针变量指向变量的引用

指针变量指向变量的引用就是对被指变量进行的间接访问，即引用被指变量的值。

对指针变量的引用一般形式：

 * 指针变量;

其含义就是引用该指针变量指向变量的值。

例如以下程序：

```
char a = 'c';
char * pointer;
pointer = &a;                          //指针变量 pointer 指向变量 a
printf(" * pointer =%c\n", * pointer);  //将被指变量 a 的值以字符形式输出
```

此段程序运行后，将输出字符变量 a 的值'c'。

程序执行结果：

```
*pointer =c
```

例 8.4 编写函数完成主调函数中两变量值的交换。

解 在同一函数中，完成变量值的交换，通常需要使用中间变量完成。但是，函数中进行这样的变量值交换并不能影响主调函数中的原变量值。因此，此处应该使用指针变量在函数中直接调换其指向变量内存中的值，即可完成变量 x 和 y 的值交换。

程序代码：

```
#include<stdio.h>
void swap_pointer(int * p1,int * p2)
{
    int p;              /* 中间变量 */
    p = * p1;           /* 值交换 */
    * p1 = * p2;
    * p2 = p;
}
int main()
{
    int x,y;
```

```
    int *x1, *y1;         /* 指针变量 x1,y1 */
    x = 30;
    y = 50;
    /* 指针变量赋值 */
    x1 = &x;
    y1 = &y;
    /* 调用函数 swap_pointer */
    swap_pointer(x1,y1);
    printf("x=%d\ny=%d\n",x,y);
    return 0;
}
```

程序执行结果：

```
x=50
y=30
```

程序说明：

(1)由于函数 swap_pointer()的两个形参为指针变量类型(地址)，在函数调用时，根据形参和实参数据类型一致原则，实参也应为地址，因此实参 x1 和 y1 为指针变量，并且赋的初值分别为变量 x 和 y 的地址。

(2)swap_pointer()采用"地址传递"的方式(见图 8-6)，在该方式中，将实参变量的值传送给形参变量，采用的依然是"单向值传递"方式。因此虚实结合后，形参 p1 的值为 &x，p2 的值为 &y。此时 p1 和 x1 都指向变量 x，p2 和 y1 都指向 y[见图 8-6(b)]。执行 swap_pointer()函数的函数体，使 *p1 和 *p2 的值互换[见图 8-6(c)]，也就是使 x 和 y 的值互换。函数调用结束后，形参 p1 和 p2 已释放，主调函数中输出的 x 和 y 的值是已经过交换的值[见图 8-6(d)]。

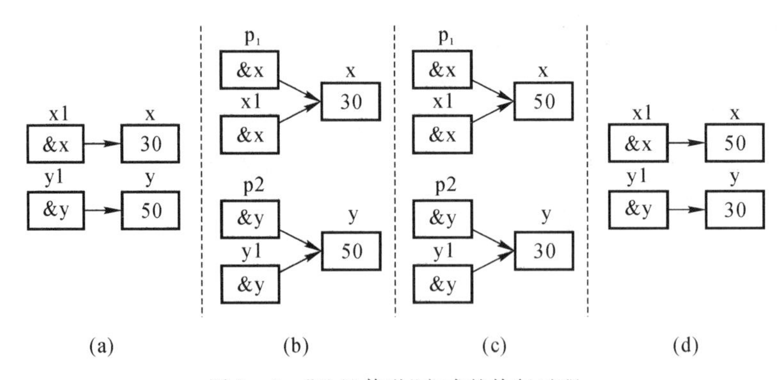

图 8-6 "地址传递"方式的执行过程

(a)调用函数前； (b)虚实结合； (c)执行交换函数； (d)调用结束

例 8.5 函数 fun 的功能是：将两个两位数的正整数 a、b 合并形成一个整数放在 c 中。合并的方式是：将 a 数的十位和个位数依次放在 c 数的千位和十位上，b 数的十位和个位数依次放在 c 数的百位和个位上。

例如，当 $a=45$，$b=12$ 时，在调用该函数后，$c=4\ 152$。

要求不得改动主函数 main 和其他函数中的任何内容，仅在函数 fun 的花括号中填入若干语句。

给定源程序：

```
#include <stdio.h>
void fun(int a, int b, long *c)
{


}
int main()
{
    int a,b; long c;
    printf("Input a, b:");
    scanf("%d,%d", &a, &b);
    fun(a, b, &c);
    printf("The result is: %d\n", c);
    return 0;
}
```

解　通过分析可知，要完成功能要求主要考虑解决以下几方面问题：

(1)两位正整数 a,b 中十位和个位数的提取，取正整数 a 十位数字的方法：$a/10$，取 a 个位数字的方法：a%10，b 的取法一致。

(2)fun 函数形参部分声明了指向长整型数的指针变量 c，该指针变量指向主函数内的实参变量 c，即需要按题目要求生成的整数。

(3)在 fun 函数中指针变量 c 指向变量的值只需按照题目要求由 a、b 各位按规则组合即可，即：

*c = (a/10) * 1000+(b/10) * 100+(a%10) * 10+(b%10)。

故填入的 fun 函数代码如下：

```
void fun(int a, int b, long *c)
{
    *c=(a/10)*1000+(b/10)*100+(a%10)*10+(b%10);
}
```

程序执行结果：

```
Input a, b:45,12
The result is: 4152
```

5. 指针自增、自减运算

指针变量的自增、自减运算不是简单地将变量的值加 1 或减 1，不同于普通的自增、自减运算。指针变量的自增、自减运算会按照其基类型的长度进行增或减。

例如以下程序：

```
#include <stdio.h>
int main()
{
  int a;
  int *p;
```

```
    printf("Input a:");
    scanf("%d", &a);
    p=&a;                          //指针变量p指向变量a
    printf("p= %d\n", p);          //输出指针变量p的值,即变量a的地址
    /*指针变量自增,即对int类型变量a的地址按照指针p的基类型int类型长度进行增操作*/
    p++;
    printf("p++= %d\n", p);        //输出指针变量p自增运算后的值
    return 0;
}
```

如上程序,指针变量 p 的基类型为基本整数类型,则程序对指针变量 p 执行 $p++$ 操作,因指针 p 指向变量 a,故程序第一次输出 p 的值就是变量 a 的地址值,第二次输出 p 的值因基类型的原因即为 a 地址值加基类型长度。不难看出,对指针变量的自增运算不是简单地将 p 的值加1。自减运算与自增相同。

程序执行结果:

```
Input a:18
p= 21559732
p++= 21559736
```

8.3 数组与指针

数组就是由系统在内存中划分一片存储空间,用以存储相同类型的有序数据的集合。与普通变量一样,数组中的每个元素在内存中都占用存储空间,每个存储空间都有相应的地址,因此数组也有地址。指针变量可以指向变量,即将被指变量的地址存储在指针变量中,则指针变量也可以指向数组元素,即将数组元素的地址存放在指针变量里。可称数组元素的地址为数组元素的指针。

例如以下程序:

```
int age[6] = {19,20,18,21,21};       //定义了int类型的一维数组age
int *pointer;                        //定义基类型为int类型的指针变量pointer
pointer = &age[0];                   //给指针变量赋值为age数组第一个元素的地址
```

使指针变量 pointer 指向数组 age 的第一个元素,即下标为0的元素19。图8-7所示为数组元素指针内存示意图。

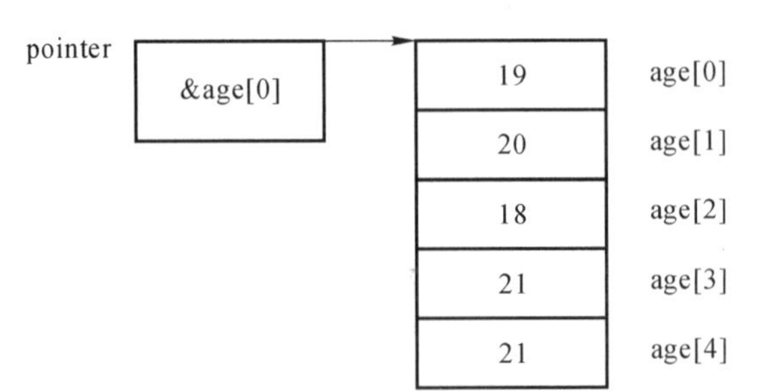

图8-7 数组元素指针内存示意图

引入数组元素的指针后，数组每位元素的引用可以使用下标法（数组名[下标]），也可使用数组元素的指针对其引用。使用数组元素的指针对元素引用因其占内存少、运行速度快可提高目标程序质量。

例如以下语句：

```
int a[10];
```

则对指针变量 p 的正确定义和初始化语句为

```
int *p = a  或  int *p = &a[0]。
```

例如以下语句：

```
int age[6] = {19,20,18,21,21};
int *pointer;            //定义基类型为 int 类型的指针变量 pointer
pointer = &age[0];       //给指针变量赋值为 age 数组第一个元素的地址
pointer = age;           //给指针变量赋值为 age 数组第一个元素的地址
```

上列语句后两行代码功能一致，均为给指针变量 pointer 赋值为数组 age 的第一个元素地址，也可称指针 pointer 指向一维数组 age 的首元素。由上例可知，C 语言中数组名代表该数组第一个元素（即下标为 0 的元素）的地址。

例 8.6　有一维 float 类型数组 a，其元素分别为 1.2、2.3、3.4、4.5、5.6 和 6.7。试分别使用下标法和数组元素指针输出该数组所有元素。

解　由题目要求可知，定义一个 float 类型数组 a 并赋初值，声明一个 float 类型指针变量指向该一维数组，利用此指针变量依次指向数组中的每一元素，在使用指针取值运算符，获取到数组的每一个元素然后输出。

（1）使用下标法，程序代码如下：

```
#include<stdio.h>
int main()
{
  float a[6]={1.2f,2.3f,3.4f,4.5f,5.6f,6.7f};
  int i=0;
  for(i=0;i<6.;i++){
      printf("%f ", a[i]);          //使用下标法输出 a 数组中的每一个元素
    }
    printf("\n ");
    return 0;
}
```

程序执行结果：

```
1.200000 2.300000 3.400000 4.500000 5.600000 6.700000
```

（2）使用数组元素指针，程序代码如下：

```
#include<stdio.h>
int main()
{
  float a[6]={1.2f,2.3f,3.4f,4.5f,5.6f,6.7f};
  float *p = a;                //给指针变量赋值为 a 数组第一个元素的地址
  int i;
```

```
    for(i=0;i<6;i++){
      printf("%f", *(p+i));      //使用数组元素指针输出 a 数组中的每一个元素
    }
    printf("\n ");
    return 0;
}
```

程序执行结果：

```
1.200000   2.300000   3.400000   4.500000   5.600000   6.700000
```

程序说明：

输出数组 a 中的所有元素，第一段程序使用循环数组下标变量 i 取值从 0 到 5，分别取出数组对应位置的元素然后输出；第二段程序利用数组元素指针 *p* 初始时指向该数组第一个元素位置，然后利用循环变量 i 取值从 0 至 5，配合指针的取值运算符 *，使用 *(p+i)依次取出数组中对应地址(p+i)中的元素，从而完成题目要求。此两种方式输出结果完全一致，其在内存中的示意如图 8-8 所示。

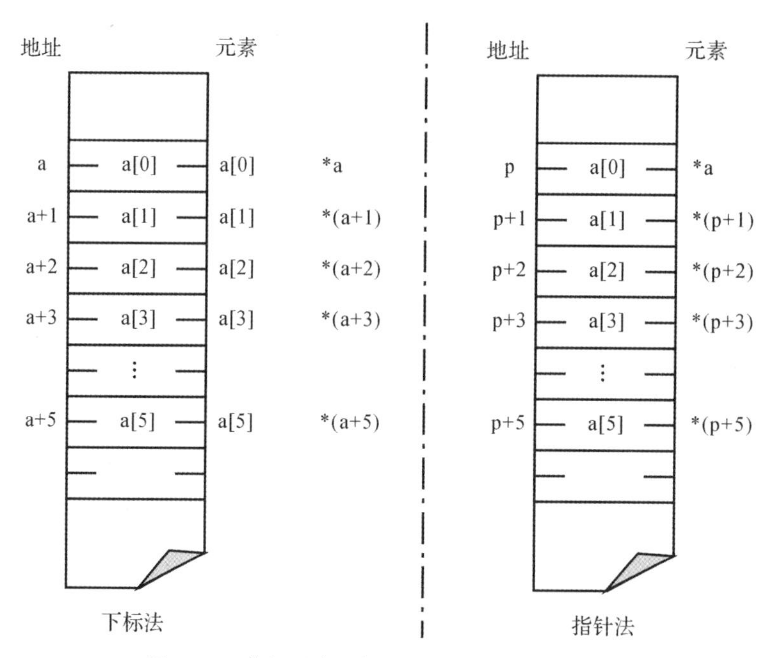

图 8-8　数组元素下标法及指针法内存示意图

指针在指向数组元素时可进行如下指针运算：

(1)指针变量加(减)一个数；如，指针变量 p 指向 int 数组 a，则 p+1 指向 a 数组的下一个元素，p-1 指向 a 数组的上一个元素。

例如有语句：

```
int a[10] = {1,2,3,4,5,6,7,8,9,10};
int *p = &a[0];
```

则 p+i 就是数组 a[i]的地址；*(p+i)就是 p+i 指向的数组元素 a[i]。

(2)如果指针变量 p1 和 p2 都指向数组 a，则 p2-p1 的结果是这两个地址之差除以数组

元素的长度。

例如有语句：

```
int a[10] = {1,2,3,4,5,6,7,8,9,10};
 * p1 = &a[1];                //地址值为 2204
 * p2 = &a[2];                //地址值为 2206
```

则 p2－p1 的结果应为(2206－2204)/2＝1,表示 p2 所指向的元素与 p1 所指向的元素之间相差 1 个元素。

对于数组元素的引用可以使用指针引用法,即 *(p＋i)是对 p 指向数组的第 i 个元素的引用。

例 8.7　请编写一个函数 fun,它的功能是:计算 *n* 门课程的平均分,计算结果作为函数值返回。

例如,若有 5 门课程的成绩是:90.5，72，80，61.5，55,则函数的值为 71.80。

要求不得改动主函数 main 和其他函数中的任何内容,仅在函数 fun 的花括号中填入若干语句。

给定源程序：

```
#include <stdio.h>
float  fun ( float  *a ,  int  n )
{


}
int main()
{
  float score[30]={90.5, 72, 80, 61.5, 55}, aver;
  aver = fun( score, 5 );
  printf( "\n Average score  is: %5.2f\n", aver);
  return 0;
}
```

解　通过分析可知,要完成要求功能主要考虑解决以下方面问题：

(1)fun 函数用来计算成绩的平均值,fun 函数形式参数中指针参数 a 用来获取从主调函数中传递的成绩数组地址,参数 n 表示该成绩数组中元素的个数,这样就将需要计算平均值的成绩数组传递到了 fun 函数中。

(2)在 fun 函数中,只需使用循环将成绩数组中的所有成绩取出并求和,再与成绩数组元素个数相除即可得到平均成绩。因指针 a 已指向成绩数组,故可利用指针的自增运算配合指针运算完成该功能。

(3)将计算结果返回。

通过对以上问题的分析与设计,fun 函数代码如下：

```
float fun ( float *a , int n )
{
  int i;
```

```
    float ave=0.0;
    //利用指针的自增运算和指针运算逐个取出成绩数组元素并累加
    for(i=0; i<n; i++)
        ave = ave + *(a++) ;
    ave = ave/n;                //计算成绩平均值
    return ave;                 //将平均成绩返回
}
```

程序执行结果：

```
Average score  is: 71.80
```

如前所述,可以使用指针变量获取一维数组中的元素,同样也可使用指针变量获取二维数组元素。

例如以下程序定义一个二维 int 类型数组 n:

```
int n[2][3]={{1,2,3}{4,5,6}};
```

该数组包含 2 行 3 列共六个元素。根据对数组的讲解可以得出,该数组可以看作是一个拥有两个元素的一维数组,这两个元素又分别是一个包含三个元素的一维数组。其存储内容及地址关系示意图如图 8-9 所示。

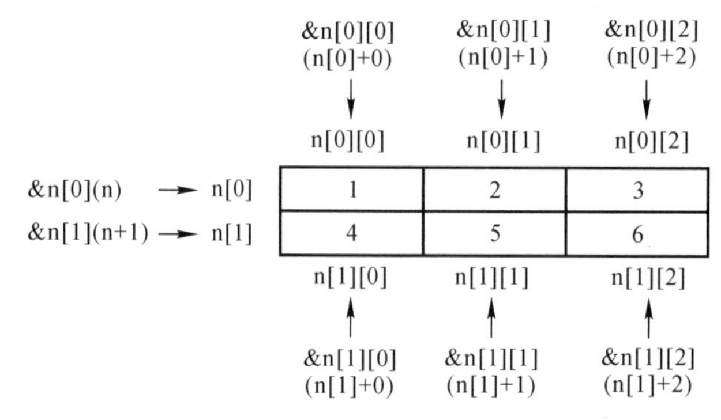

图 8-9　二维数组存储内容及地址关系示意图

由图 8-9 可以看出:

(1)n 代表二维数组首元素的地址,同 &n[0][0];二维数组 n 中元素 n[x][y]的地址为 &n[x][y]。

(2)n+i 代表该数组第 i 行首元素地址,n[x]+y 代表该数组第 x 行第 y 个元素的地址。

例 8.8　使用指针将 int 类型二维数组 n[3][3]中的每个元素依次从键盘赋值并输出。

解　首先定义该类型二维数组 n[3][3],并使用循环嵌套从键盘依次给该二维数组赋初值;然后使用指针取值运算符获取该数组第 i 行第 j 个元素值,利用循环的嵌套按顺序输出。

程序代码:

```
#include<stdio.h>
int main()
{
    int n[3][3],i,j;            //定义 int 类型二维数组 n
```

```
    printf("please input:\n");
    for(i=0;i<3;i++)
    {
      // n[i]+j 代表该数组第 i 行第 j 个元素的地址,获取输入值
      for(j=0;j<3;j++)
          scanf("%d",n[i]+j);
    }
    for(i=0;i<3;i++)
    {
      //使用取值运算符获取该数组第 i 行第 j 个元素值输出
      for(j=0;j<3;j++)
      printf("%d", *(n[i]+j));

      printf("\n");
    }
    return 0;
}
```

程序执行结果：

```
please input:
1 2 3
4 5 6
7 8 9
   1    2    3
   4    5    6
   7    8    9
```

8.4　字符串指针

在C语言中,字符串是以字符数组的形式存放的。因此对字符串的引用可用数组的方式引用,也可以使用字符指针变量的方式引用。使用字符指针变量的方式引用字符串,不需要定义数组。

例如有语句：

```
char * pointer = "This is a program";      //字符串指针变量 pointer 指向字符串的首地址

printf("%s\n", * pointer);                 //利用字符串指针输出该字符串内容
```

则程序编译运行后,输出："This is a program"。

程序执行结果：

```
This is a program
```

上述程序中,使用字符串"This is a program"给字符指针变量 pointer 赋值,其含义为将该字符串第一个字符的地址值赋予字符指针变量 pointer,即让字符指针 pointer 指向该字符串。其内存示意图如图 8-10 所示。

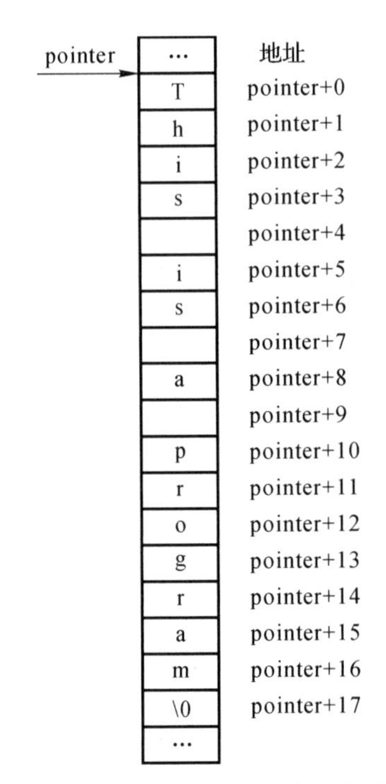

图 8-10 字符串指针内存示意图

例 8.9 给定程序中函数 fun 的功能是:将字符串中的字符按逆序输出,但不改变字符串中的内容。例如,若字符串为 abcd,则应输出 dcba。

请改正程序中的错误,使它能计算出正确的结果。不得改动 main 函数,不得增行或删行,也不得更改程序的结构。

给定源程序:

```
#include <stdio.h>
/*************found*************/
void fun (char a)
{  if ( *a )
   {  fun(a+1) ;
/*************found*************/
      printf("%c" *a) ;
   }
}
main( )
{  char s[10]="abcd";
   printf("处理前字符串=%s\n 处理后字符串=", s);
   fun(s); printf("\n") ;
}
```

解 通过对题目分析可知,fun 函数主要用来完成将传递的字符串逆序输出功能。原程序错误处都集中在 fun 函数,主要错误分析查找如下:

(1)fun 函数通过形参将主函数中字符串获取到,此处应使用字符指针变量的方式引用数组，故 fun 函数参数应改为 char ＊a。

(2)输出 printf 函数一般格式控制为：printf(格式控制，输出列表)。程序中输出函数格式控制与输出列表间缺少逗号。

fun 函数正确代码应为

```
void fun (char *a)
{  if ( *a )
   {  fun(a+1) ;
      printf("%c", *a) ;
   }
}
```

程序执行结果：

```
处理前字符串=abcd
处理后字符串=dcba
```

例 8.10　利用指针变量将字符串 a 和字符串 b 连接起来存放到字符串 c 中输出。

解　通过对题目的分析可知，完成题目要求内容可以利用字符串指针部分内容。可定义三个字符串指针变量分别指向字符串 a、字符串 b 和字符串 c；利用字符串结尾字符'\0'作为遍历字符串 a 和 b 的循环条件，分别遍历字符串 a 及字符串 b。同时，利用指向字符串 c 的指针变量将字符串 a 及 b 中的字符逐个取出并存放在字符串 c 中即可。

程序代码：

```
#include<stdio.h>
int main()
{
   char a[]="I love ",b[]="China!",c[20], *p1, *p2, *p3;
   p1=a;                     /*指针变量 p1 指向字符串 a*/
   p2=b;                     /*指针变量 p2 指向字符串 b*/
   p3=c;                     /*指针变量 p3 指向字符串 c*/
   /*利用字符串结尾字符'\0'作为循环条件遍历 a 字符串每个元素*/
   for(; *p1! ='\0';p1++,p3++)
   {
      *p3 = *p1;             /*将字符串 a 中每个元素放置到字符串 c 对应位置*/
   }
   /*利用字符串结尾字符'\0'作为循环条件遍历 b 字符串每个元素*/
   for(; *p2! ='\0';p2++,p3++)
   {
      *p3 = *p2;             /*将字符串 b 中每个元素放置到字符串 c 对应位置*/
   }
      *p3 = '\0';            /*将字符串结尾标识符放置字符串 c 结尾位置*/
   printf("c is:%s\n",c);    /*将字符串 c 输出*/
   return 0;
}
```

程序执行结果：

```
c is:I love China!
```

程序说明：

(1)程序利用字符指针p1、p2、p3分别指向字符串a、b、c,利用字符串结尾标识符'\0'作为循环条件,利用指针取值运算符*,分别将a字符串所有字符取出并放置至c字符串对应位置,放置结束后再将b字符串所有字符取出接续放置至字符串c对应位置。

(2)此处需特别注意,p3指针在a字符串遍历结束后,已指向c字符串的下一地址,从而保证b字符串字符能够连接在a字符串内容之后存放在c字符串中。

(3)两个字符串连接存放于字符串c中后,注意添加字符串结尾标识符'\0'。

8.5 函数指针

在C语言中,一个函数在编译时被分配一个入口地址,函数名就代表该函数的程序代码在内存中的起始地址,故称为函数的入口地址。因此,也可以定义一个指向函数的指针用来存放函数的入口地址,此时就可以使用此指针来调用该函数。此类指向函数入口地址的指针称为函数指针。

函数指针定义的一般格式：

```
返回值类型 (*函数指针名)(形参类型);
```

其中,返回值类型是指函数指针指向函数运行结束后返回值的数据类型,函数指针名是函数指针的名称,形参类型是函数形式参数的数据类型。此一般形式与函数声明部分基本一致,除去用(*函数指针名)代替了原函数名部分。

例如有语句：

```
int (*fun)(int,int);
```

则程序运行时定义了一个指向int类型函数的指针fun。

例8.11 利用函数指针,编程完成在主函数中任意输入a和b两个整数,函数add()实现将两数求和并返回,输出两数和值。

解 首先定义函数add()实现两数求和并将计算结果返回,在主函数中定义函数指针指向add函数入口地址,利用此函数指针调用add函数,获得计算结果并输出。

程序代码：

```
#include <stdio.h>
int add (int a,int b)              //定义计算两整数和的函数add
{
    return a+b;
}
int main( )
{
    int (*p)(int,int);             //定义函数指针p
    int a,b,sum ;
    printf("请输入a,b的值:\n");
    scanf("%d,%d",&a,&b);
    p = add;                       //函数指针p指向add函数入口地址
```

```
    sum = (*p)(a,b);          //利用函数指针 p 调用 add 函数
    printf("a+b=%d\n",sum) ;
    return 0;
}
```

程序执行结果：

```
请输入a, b的值:
89,77
a+b=166
```

例 8.12　给定程序中，函数 fun 的功能是用函数指针指向要调用的函数，并进行调用。规定在空处②使 f 指向函数 f1，在空处③使 f 指向函数 f2。当调用正确时，程序输出：x1=5.000000，x2=3.000000，x1 * x1+x2 * x2=40.000000 请在程序的下画线处填入正确的内容并把下画线删除，使程序得出正确的结果。

给定源程序：

```
#include<stdio.h>
double f1(double x){
    return x*x;
}
double f2(double x,double y){
    return x*y;
}
double fun(double a,double b){
/**************found**************/
    ____①____(*f)();
    double r1,r2;
/**************found**************/
    f =____②____;
/**************found**************/
  r1 = f(a);
/**************found**************/
    f =____③____;
    r2 = (*f)(a,b);
    return r1+r2;
}
int main()
{
    double x1=5,x2=3,r;
    r = fun(x1,x2);
    printf("x1=%f,x2=%f,x1*x1+x1*x2=%f\n",x1,x2,r);
    return 0;
}
```

解　根据函数指针的定义方式及程序分析，可知：

(1)在填空①处，为定义函数指针 f，故依据函数指针定义的一般格式可知，该处应为指向

函数返回值类型,指向函数的返回值类型为 double,因此该处填 double。

(2)填空②处,题目要求函数指针 f 指向函数 f1,故该处应填 f1。

(3)填空③处,题目要求函数指针 f 指向函数 f2,故该处填 f2。

由此可得 fun 函数完整代码为

```
double fun(double a,double b)
{
   double ( * f)();
   double r1,r2;
   f = f1;
   r1 = f(a);
   f = f2;
   r2 = ( * f)(a,b);
   return r1+r2;
}
```

程序执行结果:

```
x1=5.000000,x2=3.000000,x1*x1+x1*x2=40.000000
```

学 习 检 测

一、选择题

1. 下面能正确进行字符串赋值操作的是(　　)。

A. char s[5]={"ABCDE"};　　B. char s[5]={'A', 'B', 'C', 'D', 'E'};

C. char ＊s; s="ABCDE";　　D. char ＊s; scanf("%s",s);

2. 下面程序段的运行结果是(　　)。

```
char * s="abcde";
s+=2;  printf("%d",s);
```

A. cde　　B. 字符 c　　C. 字符 c 的地址　　D. 无确定的输出结果

3. 下面程序段的运行结果是(　　)。

```
char str[ ]="ABC", * p=str;
printf("%d\n", * (p+3));
```

A. 67　　B. 0　　C. 字符 C 的地址　　D. 字符 C

4. 下面程序段的运行结果是(　　)。

```
char a[ ]="language", * p;
p=a;
while( * p! ='u'){printf('%c', * p-32); p++;}
```

A. LANGUAGE　　B. language

C. LANG　　D. langUAGE

5. 下列程序的运行结果为(　　)

```
#include<stdio.h>
void abc(char * str)
```

```
{
   int a,b;
   for(a=b=0;str[a]! ='\0';a++)
     if(str[a]! ='c')
       str[b++]=str[a];
   str[b]='\0';
}
void main()
{
   char str[]="abcdef";
   abc(str);
   printf("str[]=%s",str);
}
```

A. str[]=abdef　B. str[]=abcdef　C. str[]=a　D. str[]=ab

二、填空题

1. 指针类型变量用于存储________,在内存中它占有一个存储空间。

2. 指针可以指向字符串,当定义一个字符型指针时,可以给它初始化,目的是把字符串________放入指针变量。

3. 定义一个指针 p,它指向一个有 6 个 int 类型的数组 a,定义语句为________。

4. 以下函数返回 a 所指数组中最小的值所在的下标值,请将程序补充完整,以实现该功能。

```
fun(int *a, int n)
{
    int i,j=0,p;
    p=j;
    for(i=j;i<n;i++)
         if(a[i]<a[p]); ________;
return(p);
}
```

5. 完成下列程序,求一个字符串的长度,用字符数组实现。

```
int main()
{
    int len=0;
    char str[20],*p;
    scanf("%s",str);
    p=str;
    while(*p! ='\0')
    {
      ________;
      ________;
    }
```

```
    printf("\nlength=%d",len);
}
```

三、改错题

1. 以下程序功能:写一个函数,求一个字符串的长度,在 main 函数中输入字符串,并输出其长度。

```
#include "stdio.h"
#include <conio.h>
main()
{
    int len;
    /***********FOUND***********/
    char *str[20];
    printf("please input a string:\n");
    scanf("%s",str);
    /***********FOUND***********/
    len==length(str);
    printf("the string has %d characters. ",len);
    getch();
}
int length(p)
char *p;
{
    int n;
    n=0;
    /***********FOUND***********/
    while(*p=='\0')
    {
      n++;
      p++;
    }
    return n;
}
```

2. 以下程序功能:输入一个字符串,过滤此串,滤掉字母字符,并统计新生成的字符串中包含的字符个数。

例如:输入的字符串为 ab234$df4,则输出为

The new string is 234$4

There are 5 char in the new string.

程序如下:

```
#include <stdio.h>
#include <conio.h>
#define N 80
```

```
main()
{
    char str[N];
    int s;
    clrscr();
    printf("input a string:");gets(str);
    printf("The original string is :"); puts(str);
    s=fun(str);
    printf("The new string is :");puts(str);
    printf("There are %d char in the new string. ",s);
    getch();
}

fun(char *ptr)
{
    int i,j;
    /**********FOUND**********/
    for(i=0,j=0;*(ptr+i)!="\\0";i++)
      /**********FOUND**********/
      if(*(ptr+i)>'z'|| *(ptr+i)<'a'||*(ptr+i)>'Z' || *(ptr+i)<'A')
      {
        /**********FOUND**********/
        (ptr+j)=(ptr+i);
        j++;
      }
  *(ptr+j)='\0';
  return(j);
}
```

四、编程题

1. 使用指针方法完成程序功能：从键盘获取一个包含 n 个字符的字符串及整数 m，将该字符串中从第 m 个字符开始的全部字符赋值为另一个字符串并输出。

2. 编写一个函数，实现两个字符串的比较。函数为

```
int stringCmp(char *p1,char *p2);
```

其中，p1 指向字符串 1，p2 指向字符串 2。当字符串 1 与字符串 2 相等时返回 0；否则，返回两个字符串第一个不相同字符的 ASCII 码值。

第9章　结构体、共用体

问题引入

(1)C语言提供了int、float和char等数据类型，也定义了一种构造型数据，即数组，它由若干数据类型相同的数据组成，通过这些数据类型，用户可以定义变量来解决一些问题。但是若想把数据类型不同的若干数据存放在一起，前面这些数据类型就不满足要求。

(2)在日常生活中，学生基本信息通常包含学生的学号、姓名、年龄、性别等数据项，这些数据项的数据类型都不相同，为了方便这种复合数据的处理，C语言引入了一种新的构造数据类型——结构体。

(3)C语言中引入一种用于节省内存空间的构造类型——共同体，使得变量的各个成员都从同一地址开始存放。

知识要点

(1)结构体与共同体的逻辑结构。

(2)结构体数组的定义、引用。

(3)链表的逻辑结构。

(4)共同体的定义、引用。

9.1　结构体概述

9.1.1　问题描述与分析

在日常生活中，我们经常要针对某个班学生(该班共有学生20人)的基本信息、学生课程成绩等，进行各类统计操作(总成绩、平均成绩、单科成绩打印、班级排名等)，针对这些信息，为防止出错，一般选用表9-1来存储。

表 9－1　学生成绩管理表

学　号	姓　名	性别	计算机基础	高等数学	大学物理	大学英语	程序设计基础
20010101	李 XX	M	87	78	84	93	80
20010102	江 XX	F	90	84	86	92	75
20010103	宋 XX	M	79	69	85	96	82
20010104	张 XX	F	88	79	84	77	77
20010105	董 XX	F	85	70	68	83	79
20010106	……						
20010107	……						

要使用计算机程序将表格的数据存储并统计出该班学生成绩的相关数据，可以采用如下方法来实现：

方法一：采用定义不同变量方式，分别来存储每个学生的基本信息和课程成绩。显然这种方法是不可取的，变量的增多，使信息之间很容易出错，会产生张冠李戴的错误，给编程带来处理的难度。

方法二：采用设计多个数组方式。学生的总数、各类信息的数据类型均是确定的，可以通过数组的下标来区分同一学生的相关信息，完成总成绩、平均成绩的计算。其具体做法如下：

```
char num[20];          /* 学号 */
char  name[20][10];    /* 姓名 */
char sex[20];          /* 性别 */
int  score[20][5];     /* 存放 5 门课程的成绩 */
int  count=0;          /* 总成绩 */
```

使用这 4 个数组就可以完成对表格中数据的存储，通过数组下标可以方便对某个学生基本信息和成绩进行管理。例如计算学号为“20010101”学生所有课程总成绩：

```
count = score[0][0] + score[0][1] + score[0][2] + score[0][3] + score[0][4] ;
```

借助于循环结构可以计算计算机基础课程的总成绩、全班的平均成绩：

```
for(i=0;i<=19;i++)
   count = count + score[i][0];
printf("计算机基础:总成绩%d,平均成绩:%6.2f",count,count/20.0);
```

当然也可以使用排序算法，实现学生成绩的排名。

相比而言，方法二的程序在灵活性方面要比方法一高；使用数组的下标，可以准确地对某个学生的所有信息加以区分，降低了程序的处理难度，可以实现学生成绩管理的功能。但是使用方法二仍存在一些问题：

(1)学生的所有信息存储在不同的数组中，这些数组在内存中被分配在不同的存储区域，当要获取某个学生的所有信息时，必须要操作这 4 个数组，这种存储在不同内存区域的方式，必将降低了数据查找的效率。

(2)表中的数据一般通过对数组赋值的方式来完成，在赋值过程中，很容易出现差行错误，产生数据的不一致问题。

(3)结构显得过于零乱,不易管理。众多数组的使用,使得程序变得过于繁杂,每个学生的不同信息,都孤立存在于不同的数组中,增加了程序的处理难度。

9.1.2 结构体数据类型的提出

针对现实生活中存在的诸如学生基本信息中的数据,这些数据之间有内在联系,且成组出现,在实际处理中,往往希望将这类数据组成一个整体集合,而这些信息对应的数据类型往往不同,例如学生的学号和年龄选用整型数据,而姓名、籍贯信息选用字符串(采用字符数组表示)数据,课程成绩选用浮点数据。对于这些不同数据类型的数据组成的整体集合,隶属于同一对象,选用传统的一种数据类型是无法表示的,这就需要结构体数据类型。

结构体类型虽然是由基本数据类型构造出来的,却有不同于基本数据类型的特点:

(1)结构体类型由若干个数据项组成,每一个数据项都属于一种已有定义的类型。每一个数据项成为一个结构体的成员。

(2)结构体类型是一个抽象的数据类型,只是表示“由若干不同类型数据项组成的复合类型”,因此结构体类型并非只有一种,可以有成千上万种,这是与基本类型不同的。

基于结构体类型的特点,其内部成员的数据类型可以不同,恰好用来描述此类事务对象,该方法要比使用多种数组解决要方便,降低了信息处理的难度。

9.1.3 结构体定义和引用

1. 结构体类型定义

定义结构体类型的一般形式为

```
struct 结构体名
{
    数据类型 1 成员 1;
    数据类型 2 成员 2;
    ……
    数据类型 n 成员 n;
};
```

说明:

(1)struct 是定义结构体类型的关键字,不能省略。

(2)结构体名遵循标识符的命名规则。

(3)结构体有若干数据成员(也称为成员变量),用“{}”括起来,分别属于各自的数据类型,结构体成员名同样遵循标识符的命名规则。

(4)定义结构体类型,就是定义了一种数据类型,与基本数据类型是一样的,只不过结构体类型是一种复杂的数据类型,是基本数据类型的组合。特别注意:使用结构体类型时,“struct 结构体名”作为一种类型标识符来对待,它和标准类型(如:int、char 等)一样具有相同的地位和作用。

(5)定义结构体类型后,C 系统并不分配存储空间,只有定义了该结构体类型的变量,系统才能为此变量分配存储空间。

(6)同一个结构体类型中的成员之间不可互相重名,但是不同结构体类型间的成员可以重名，并且成员名还可以与程序中的变量名重名。

例如：

```
struct student
{
    int num;            /* 学号 */
    char name[19];      /* 姓名 */
    char sex;           /* 性别 */
    int age;            /* 年龄 */
    char tel[20];       /* 电话号码 */
    char addr[40];      /* 籍贯 */
};
```

使用结构体 struct student 表示了学生的完整信息（学号、姓名、性别、年龄、电话号码和籍贯），可以方便地将一个学生的信息组成一个整体集合，便于程序设计的处理。

结构体成员可以是任意的数据类型，也可以是一个结构体类型，这时称为结构体类型的嵌套。例如：

```
struct date
{
    int year;
    int month;
    int day;
};
struct student
{
    int num;
    char name[19];
    char sex;
    struct date birthday;       /* 年龄 */
    char tel[20];
    char addr[40];
};
```

在上述定义中，当表示“年龄”信息时，选用结构体类型的 struct date 型，形成了结构体类型的嵌套定义。

2. 结构体变量的定义和初始化

定义结构体类型，只是用户自己创建的、由多种类型数据组合描述一个对象的模型。由于结构体定义后，系统对其不分配任何内存空间，只有使用结构体类型定义变量之后，系统才会为该变量分配相应的存储单元。C 语言中结构体变量定义可采用下述三种方法。

（1）分别定义结构体和结构体变量。对于上述定义的结构体 struct student，可以定义变量：

```
struct student stu1,stu2;
```

stu1 和 stu2 就是 struct student 类型的变量。变量定义后，系统就会给它们分配内存单元。内存单元的大小就是结构体各成员变量所占内存单元之和。

结构体变量stu1在内存中所占的内存单元个数为sizeof(stu1)=84,即表示姓名、电话号码和籍贯的成员变量所占的内存单元个数分别是:19,20和20个,表示学号的成员变量所占的内存单元数为4个,表示性别的成员变量所占的内存单元数为1个。

(2)定义结构体的同时定义结构体变量。

在定义结构体的同时,也可以定义结构体变量,例如:

```
struct student
{
    int num;
    char name[19];
    char sex;
    int age;
    char tel[20];
    char addr[40];
}stu1,stu2;
```

变量stu1和stu2的功能跟第一种方法中的定义是一样。

(3)直接定义结构体类型变量,省略类型名。

C语言允许在第二种方法定义变量时,可以省略结构体名,直接定义结构体变量,例如变量stu1和stu2也可采用如下方法定义:

```
struct
{
    int num;
    char name[19];
    char sex;
    int age;
    char tel[20];
    char addr[40];
}stu1,stu2;
```

所有的结构体变量均可进行初始化,在对结构体类型变量赋初值时,可采取直接赋值的方式。例如:

```
struct student stu1={1001,"LiHua",'M',19,'(029)86012605','陕西省西安市'};
```

或:

```
struct
{
    int num;
    char name[19];
    char sex;
    int age;
    char tel[20];
    char addr[40];
}stu1={1001,"LiHua",'M',19,'(029)86012605','陕西省西安市'};
```

当结构体变量初始化时,所赋的值的类型要与结构体的成员变量类型对应一致。

3. 结构体成员的引用

结构体变量定义后，引用时需区分可引用的两类不同对象：结构体变量名和成员名，其中结构体变量名代表变量整体，成员名代表变量的各个成员。

通过成员运算符“.”引用结构体成员，引用结构体成员的基本形式为

结构体变量名.结构体成员名

例如引用结构体变量 stu1 成员 age 的格式为：stu1.age，由于成员运算符“.”运算优先级最高，所以将该引用形式看成一个整体，其性质与其他普通变量完全相同，也可以进行该类型所允许的任何运算。例如：

```
stu1.age = stu1.age+5;        /*赋值运算*/
```

当引用结构体成员时，需要注意：

(1)不能针对结构体变量的整体输入或输出，只能对结构体变量的各个成员分别进行输入或输出，例如：

不正确的引用：

```
printf("%d,%s,%c,%d,%s,%s",stu1);
scanf ("%d,%s,%c,%d,%s,%s",&stu1);
```

正确的引用：

```
printf("%d,%s,%c,%d,%s,%s",stu1.num,stu1.name,stu1.sex,stu1.age,stu1.tel,stu1.addr);
scanf("%d,%s",&stu1.num,stu1.name);
```

(2)对结构体变量而言，如果两个变量名所属的结构体类型完全一致，则可以对这两个变量整体赋值。例如：

```
stu1=stu2;
```

stu1 和 stu2 变量都属于结构体 struct student，对应成员都相同，故可以整体对两个变量赋值。

(3)结构体变量占据的一片存储单元的首地址称为该结构体变量的地址，其每个成员占据的若干个单元的首地址称为该成员的地址，两个地址都可以引用。

(4)如果成员又是另一个结构体类型，则要用若干个成员运算符，一级一级地找到最低成员变量，而且只能对最低的成员进行赋值或者运算操作。例如有结构体类型的嵌套定义：

```
struct date
{
   int year;
   int month;
   int day;
};
struct student
{
   int num;
   char name[19];
   char sex;
   struct date birthday;        /*年龄*/
   char tel[20];
```

```
    char addr[40];
}stu;
```

则当引用 birthday 成员中的具体年份时，正确的引用是：

```
stu.birthday.year                    /* birthday 本身是一个结构体变量 */
```

例 9.1 利用结构体类型 student，实现对一个学生信息的赋值，并输入该学生的基本信息。

解 学生信息的赋值可采用单独给结构体的每个成员，按照格式控制输入对每个成员进行赋值；也可使用一条输入语句，完成对结构体所有成员的赋值。

程序代码：

```
#include<stdio.h>
int main()
{
   struct student
   {
      int num;
      char name[19];
      char sex;
      int age;
      char tel[20];
      char addr[40];
   }stu1;
   scanf("%d %s %c %d %s %s",&stu1.num,stu1.name,&stu1.sex,&stu1.age,stu1.tel,stu1.
addr);
   printf("学号:%d\n",stu1.num);
   printf("姓名:%s\n",stu1.name);
   printf("性别:%c\n",stu1.sex);
   printf("年龄:%d\n",stu1.age);
   printf("联系方式:%s\n",stu1.tel);
   printf("地址:%s\n",stu1.addr);
   return 0;
}
```

程序执行结果：

```
2001 李XX f  18 (029)84225234    西安市长安区
学号:2001
姓名:李XX
性别:f
年龄:18
联系方式:(029)84225234
地址:西安市长安区
```

9.1.4 结构体数组

一个结构体变量存放由该结构体类型所定义的一个结构体类型的数据。但对于上述我们定义的存放学生信息的结构体类型 struct student，可以定义一个变量，该变量只能存放一个学生的信息，为每个学生都定义一个结构体变量的做法肯定不可取，因此要解决多名信息的处理，可选用结构体数组来实现。

使用结构体类型定义的数组称为结构体数组，同普通数组不同的是，结构体数组中存放的每个元素都是一个结构体类型，而每一个结构体类型变量能存放一个学生对象的多方面属性值(学号、姓名、性别等)，因此一个结构体数组便能存放多个学生对象的属性值。

1. 结构体数组的定义

同定义结构体变量一样，结构体数组的定义可采用以下几种方式。

(1)先定义结构体类型，然后根据结构体类型来定义结构体数组。

```
struct student
{
   int num;
   char name[19];
   char sex;
   int age;
   char tel[20];
   char addr[40];
};
struct student stu[20];
```

(2)结构体类型和结构体数组同时定义。

```
struct student
{
   int num;
   char name[19];
   char sex;
   int age;
   char tel[20];
   char addr[40];
} stu[20];
```

(3)直接定义结构体数组而不定义结构体类型。

```
struct
{
   int num;
   char name[19];
   char sex;
   int age;
   char tel[20];
   char addr[40];
} stu[20];
```

2. 结构体数组的初始化

结构体数组的初始化跟普通数组的初始化相类似，只是每个元素的初值为由{}括起来的一组数据。例如：

```
struct student
  {
    int num;
    char name[19];
    char sex;
    int age;
    char tel[20];
    char addr[40];
};
struct student st[2]={{2001101,"wangchen",'M',23,"13201456978","nanjing"},
{2001105,"zhangsan",'F',21,"13976556978","xi'an"}};
```

3.结构体数组的引用

结构体数组元素不能作为一个整体进行输入和输出。结构体数组的引用同引用普通数组成员形式一样。例如:stu[0].age。

例 9.2 利用结构体数组初始化方式建立学生基本信息,输入学生学号,查询学生的基本信息,并输出学生的信息。

解 从结构体数组中查询某位同学的详细信息,首先需要根据输入的学生学号信息(整型类型),在结构体数组中使用循环逐个进行查找,然后将找到对应学号的学生信息进行输出。

程序代码:

```
#include<stdio.h>
#define SIZE 5          /*使用宏定义,定义数组元素个数*/
struct student
{
    int num;
    char name[19];
    char sex;
    int age;
    char tel[20];
    char addr[40];
};
int main()
{
    int i;
    int xh;
    /*初始化赋值*/
    struct student stu[SIZE] = {    {2001,"李XX",'M',20,"029-84701466","西安市雁塔区"},
                                    {2002,"江XX",'F',18,"029-88378995","西安市碑林区"},
                                    {2003,"宋XX",'M',19,"021-68353079","上海市浦东区"},
                                    {2004,"张XX",'F',20,"0911-81101466","延安市宝塔区"},
                                    {2005,"董XX",'M',18,"029-84523466","西安市雁塔区"}
                                };
    printf("请输入查询学生学号:\n");
```

```
        scanf("%d",&xh);
        /*查询学号为"xh"的基本信息*/
        for(i=0;i<SIZE;i++)
        {
            if(xh == stu[i].num)
            {
        printf("%d   %s   %c   %d   %s   %s\n",stu[i].num,stu[i].name,stu[i].sex,stu[i].age,stu
[i].tel,stu[i].addr);
            }
        }
        printf("学生基本信息:\n");
        printf("学号姓名性别年龄联系方式地址\n");
        for(i=0;i<SIZE;i++)
        printf("%d   %s   %5c   %7d   %-8s   %-8s\n",stu[i].num,stu[i].name,stu[i].sex,stu
[i].age,stu[i].tel,stu[i].addr);
        return 0;
    }
```

程序执行结果：

```
请输入查询学生学号:
2003
2003 宋XX  M  19  021-68353079  上海市浦东区
学生基本信息:
学号姓名性别年龄联系方式地址
2001  李XX      M       20  029-84701466   西安市雁塔区
2002  江XX      F       18  029-88378995   西安市碑林区
2003  宋XX      M       19  021-68353079   上海市浦东区
2004  张XX      F       20  0911-81101466   延安市宝塔区
2005  董XX      M       18  029-84523466   西安市雁塔区
```

9.1.5 结构体指针

结构体指针就是指向结构体变量的指针，一个结构体变量的起始地址就是这个结构体变量的指针。如果把一个结构体变量的起始地址存放在一个指针变量中，那么，这个指针变量就指向该结构体变量。

1. 指向结构体变量的指针

同定义指向其他类型变量的指针一样，可以定义一个指向结构体变量的指针，其定义的一般格式是：

```
struct 结构体类型名 *指针变量名
```

例如：

```
struct student *p;
p=&stu1;
```

这样通过结构体类型 struct student 定义一个指针变量 p，并把结构体变量 stu1 的首地址赋给 p，此时，指针变量 p 指向了结构体变量的首地址，这样就可以借助指针变量 p 引用结构体变量 stu1 的成员。

通过结构体指针变量引用结构体变量的成员可采用的形式如下：

(1)(＊指针变量名).结构体成员名

(2)指针变量名－＞结构体成员名

例如,通过指针变量 p 来引用结构体变量 stu1 的成员 num,可采用形式：

```
(*p).num
```

或者

```
p->num
```

上述两种引用方法等价于通过结构体变量名引用,即结果都等价于 stu1.num。

通过结构体指针变量引用结构体变量的成员时,由于成员运算符“.”的优先级比指针运算符“＊”高,(＊指针变量名)表示该指针变量所指向的结构体变量,两侧的圆括号不可省略。

例 9.3 定义一个指针变量指向一个结构体变量,分别使用结构体变量和指针变量方式对结构体变量各个成员进行输出。

解 使用结构体变量的方式,结构体成员的访问格式为“结构体变量名.成员名”;使用指针变量方式,结构体成员的访问格式为“指针变量名－＞结构体成员名”。

程序代码：

```
#include<stdio.h>
#include<string.h>
struct student
{
    int num;
    char name[19];
    char sex;
    int age;
    char tel[20];
    char addr[40];
};
int main()
{
    //定义 struct student 类型的变量 stu
    struct student stu;
    //定义指向 struct student 类型数据的指针变量 p
    struct student *p;
    p = &stu;
    stu.num = 2002;
    strcpy(stu.name,"江 XX");
    stu.sex = 'F';
    stu.age = 18;
    strcpy(stu.tel,"029-88378995");
    strcpy(stu.addr,"西安市碑林区");
    printf("学号姓名性别年龄联系方式地址\n");
    printf("%d  %s  %5c  %7d  %-8s  %-8s\n",stu.num,stu.name,stu.sex,stu.age,stu.
```

```
tel,stu.addr);
        printf("%d  %s  %5c  %7d  %-8s  %-8s\n",p->num,p->name,p->sex,p->
age,p->tel,p->addr);
        return 0;
    }
```

程序执行结果：

```
学号姓名性别年龄联系方式地址
2002   江XX      F        18   029-88378995   西安市碑林区
2002   江XX      F        18   029-88378995   西安市碑林区
```

2. 指向结构体数组的指针

指向结构体数组的指针与指向普通数组的指针完全类似，用结构体类型的指针来访问数组，既可以方便数组的引用，又提高了数组的利用率。

例 9.4　使用指向结构体数组的指针实现学生基本信息的输出。

解题思路：该题目是结构体数组与指向结构体的指针的综合类题目，其处理方法跟“指针与数组”相关内容的处理方法相同，让结构体指针变量指向结构体数组的首元素(序号为 0 的元素，即 stu[0])，通过指针变量的方式，完成结构体数组中对应成员的输出。然后执行 p++，使 p 指向下一个元素 stu[1]，再输出结构体数组中对应成员的值。依次类推，直到 p=stu+5为止。

程序代码：

```
#include<stdio.h>
struct student
{
    int num;
    char name[19];
    char sex;
    int age;
    char tel[20];
    char addr[40];
}stu[5] = {   {2001,"李 XX",'M',20,"029-84701466","西安市雁塔区"},
              {2002,"江 XX",'F',18,"029-88378995","西安市碑林区"},
              {2003,"宋 XX",'M',19,"021-68353079","上海市浦东区"},
              {2004,"张 XX",'F',20,"0911-81101466","延安市宝塔区"},
              {2005,"董 XX",'M',18,"029-84523466","西安市雁塔区"}
        };
int main()
{
    struct student *p;        /*定义结构体指针变量*/
    printf("学生基本信息:\n");
    printf("学号姓名性别年龄联系方式地址\n");
    for(p=stu;p<stu+5;p++)
    printf("%d  %s  %5c  %7d  %-8s  %-8s\n",p->num,p->name,p->sex,p->
age,p->tel,p->addr);
```

```
    return 0;
}
```

程序执行结果：

```
学生基本信息:
学号姓名性别年龄联系方式地址
2001  李XX     M      20  029-84701466  西安市雁塔区
2002  江XX     F      18  029-88378995  西安市碑林区
2003  宋XX     M      19  021-68353079  上海市浦东区
2004  张XX     F      20  0911-81101466  延安市宝塔区
2005  董XX     M      18  029-84523466  西安市雁塔区
```

和普通数组一样，p＋＋并不是指向内存下一个位置，而是指向结构体数组的下一个元素(数组 stu 的内存结构如图 9－1 所示)，这样通过循环可以输出这个元素的成员变量。

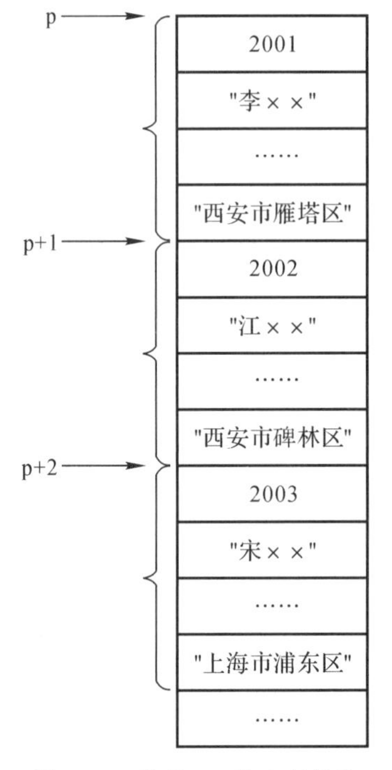

图 9－1　数组 stu 的内存结构

对于指向结构体数组的指针，应注意下列表达式的含义。

p－＞num：得到 p 指向的结构体变量中的成员变量 num 的值。

p－＞num＋＋：得到 p 指向的结构体变量中的成员变量 num 的值，用完之后给它加 1。该表达式等价于(p－＞num)＋＋。

＋＋p－＞num：得到 p 指向的结构体变量中的成员变量 num 的值，使之先加 1，再使用。该表达式等价于＋＋(p－＞num)。

(＋＋p)－＞num：先使 p 加 1，指向下一个元素，然后得到下一个元素的 num 值。

p＋＋－＞num：先指向 p 所指的 num 值，然后使 p 加 1，得到下一个元素。

针对上述程序，若在主函数中添加下述代码：

```
p = stu+2;
```

```
printf("(++p)->num 值:%d\n",p++->num);
p = stu+2;
printf("p++->num 值:%d\n",p++->num);
```

则程序执行结果：

```
(++p)->num值:2003
p++->num值:2003
```

使用指向结构体数组的指针，应注意以下几点：

(1)如果 p 的初值为 stu，即指向第一个元素，则 p+1 指向下一个元素的起始地址。例如在主函数中添加如下代码：

```
p = stu;
printf("p=%d    p+1=%d\n",p,p+1);
```

程序执行结果：

```
p=4344368    p+1=4344456
```

(2)指针 p 已定义为指向 stu，则它只能指向一个结构体类型的数据(p 的值是结构体第一个元素的起始地址)，而不能指向某个元素中某个成员(即 p 的值不能是成员的地址)。

3. 结构体变量作为函数的参数

在程序设计中，结构体类型的变量作为函数的参数可采用以下三种：

(1)结构体变量的成员作为实参。结构体变量的成员作为实参传递给形参，其用法和普通变量在函数中的传递类似，遵循的是“值传递”的方式。应该注意形参和实参的类型保持一致。

(2)结构体变量作为实参。结构体变量作为实参传递时，也遵循“值传递”方式，传递过程的实质是取出结构体变量各个成员在内存中的值，按顺序传递给形式参数的各个成员。因此，形参和实参必须是同类型的结构体变量。

(3)结构体变量的指针作为实参。将结构体变量的指针作为实参传递，被调用函数的形参应该是与实参相同的结构体类型的指针变量。该方式的实质是传递结构体变量的首地址，并非将全部结构体成员的内容复制给被调函数，因此该方式效率要高。

例 9.5　使用结构体变量和指向结构体的指针作为函数参数，实现学生信息的输出。

解　结构体变量作为函数的参数时，形参为结构体变量的声明，实参为结构体变量名；指向结构体的指针作为函数参数时，形参为指向结构体的指针声明，实参则为指向结构体的指针变量。

程序代码：

```
#include<stdio.h>
struct student
{
  int num;
  char name[19];
  char sex;
  int age;
  char tel[20];
```

```c
    char addr[40];
};
/*结构体成员作为函数参数*/
void print_info(int num,char name[],char sex,int age,char tel[],char addr[])
{
    printf("%d%5s%2c%3d%14s%16s\n",num,name,sex,age,tel,addr);
}
/*结构体变量作为函数参数*/
void print_info1(struct student stu)
{
    printf("%d%5s%2c%3d%14s%16s\n",stu.num,stu.name,stu.sex,stu.age,stu.tel,stu.addr);
}
/*指向结构体的指针作为函数参数 */
void print_info2(struct student *p)
{
    printf("%d%5s%2c%3d%14s%16s\n",p->num,p->name,p->sex,p->age,p->tel,p->addr);
}
int main()
{
    struct student stu={2001,"李XX",'M',20,"029-84701466","西安市雁塔区"};
    struct student *p;
    p = &stu;
    printf("结构体成员作为函数参数方式:\n");
    /*实参为结构体的成员*/
    print_info(stu.num,stu.name,stu.sex,stu.age,stu.tel,stu.addr);
    printf("结构体变量作为函数参数方式:\n");
    /*实参为结构体变量*/
    print_info1(stu);
    printf("指向结构体的指针作为函数参数方式:\n");
    /*实参为指向结构体的指针变量*/
    print_info2(p);
    return 0;
}
```

程序执行结果:

```
结构体成员作为函数参数方式:
2001 李XX M 20  029-84701466     西安市雁塔区
结构体变量作为函数参数方式:
2001 李XX M 20  029-84701466     西安市雁塔区
指向结构体的指针作为函数参数方式:
2001 李XX M 20  029-84701466     西安市雁塔区
```

9.2　动态数据结构——链表

9.2.1　链表概述

针对学生成绩管理的实例，在现实生活中可能存在班级学生人数存在差异的现象，如果选用同一数组存储不同班级学生数据，在结构体数组长度的定义时，必须确定一个班级最多人数，将该数值作为结构体数组的长度，保证所有班级的学生能正常存储。但是该方式针对人数比较少的班级而言，存在内存浪费的问题。因此在程序设计中，寻求一种按需分配的存储数据结构，既能方便程序开发人员的控制，也可以节省内存空间。在 C 语言中，链表弥补了数组必须先定义大小后使用的缺陷，采用动态开辟内存单元的机制，实现了按需分配的存储需求。

链表(Linked Table)是程序设计中经常使用到的一种重要数据结构。程序设计中引入链表数据结构的主要目的：建立不定长的数组，实现存储空间的按需分配；链表可以在不重新安排整个存储结构的情况下，方便且迅速地插入和删除数据元素。链表分为单向链和双向链表。从链表中可引出一些特殊的数据结构，如堆栈、队列等，该部分知识将在“数据结构”课程中详细讲解。

链表由若干个被称为结点(Node)的元素组成，每个结点都包含两部分信息(见图 9－2)：数据部分，存放任何类型的需要处理的数据，称为链表的数据域；指针部分，存放指向下一个结点的地址，或称为指向下一个结点的指针，也称位链表的指针域。链表有一个头指针变量 head，它存放一个地址，该地址指向存放链表的第一个元素，即指向链表的第一个结点。链表的尾部是链表的最后一个结点，即指针域为 NULL 的结点。链表的长度是不固定的，随时可以给链表进行添加、删除等操作。

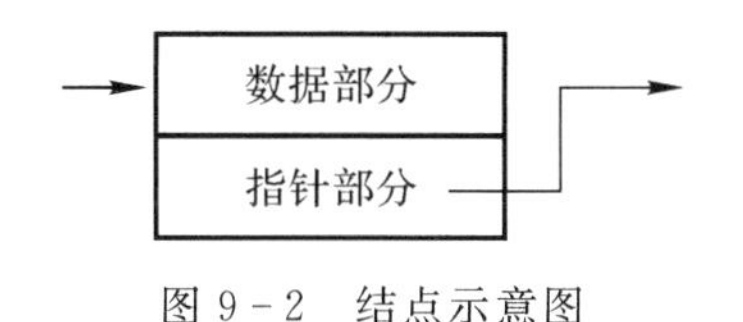

图 9－2　结点示意图

运用结构体可以方便定义结点，其定义格式为

```
struct 结构体类型名
{
    数据成员列表
    struct 结构体类型名 *指针变量名;
};
```

例如，描述学生成绩的结点可依据该格式定义为

```
struct student
{
    //数据域
    int num;            /*学号*/
    float score;        /*成绩*/
    //指针域
```

```
    struct student  * next;          /* 指针变量 next 指向类型为 struct student 结构体结点 */
};
```

在定义了结点的结构体类型后，便可以动态创建链表。图 9-3 所示是一个简单的链表。

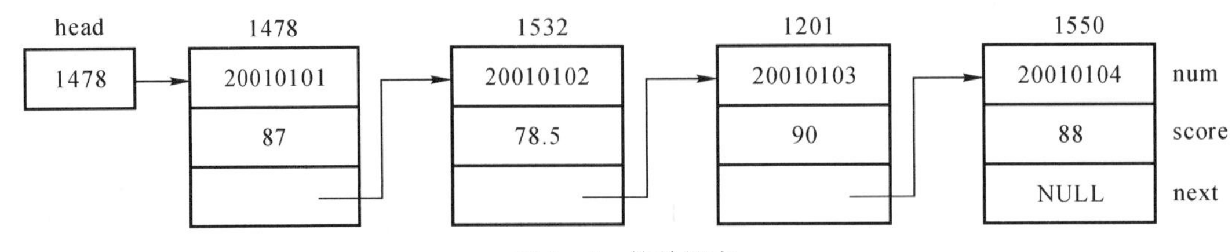

图 9-3　简单链表

从图 9-3 中看出，链表中各个结点的存储地址可以是不连续的，利用结点中的指针变量可以查找到下一个结点的位置，这样可以实现链表的动态存储分配。在此过程中，程序设计人员可以不必知道各结点的具体地址，只要保证将一个结点的地址存放在前一个结点的成员 next 中即可。

9.2.2　动态开辟和释放空间的函数

动态开辟和释放空间，通常通过系统提供的库函数来实现，主要包含 malloc、calloc、free 和 realloc 函数。

1. malloc 函数

函数原型：void * malloc(unsigned int size);

功能：在内存的动态存储区中分配 1 个长度为 size 的连续空间。

函数的返回值：是一个指向分配域起始地址的指针。申请存储空间成功，返回申请的存储空间的起始地址；申请不成功，返回空指针 NULL。

形参：整型变量 size 表示申请的空间长度，其值等于结点中各个成员字节数的总和。

2. calloc 函数

函数原型：void * calloc(unsigned n, unsigned int size);

功能：在内存的动态存储区中分配 n 个长度为 size 的连续空间。

函数的返回值：是一个指向分配域起始地址的指针(类型为 void *)。申请存储空间成功，返回申请的存储空间的起始地址；申请不成功，返回空指针 NULL。

3. free 函数

函数原型：void free(void * p);

功能：释放由指针 p 指向的内存空间，被释放的内存空间又可以被其他变量使用。该函数无返回值。

形式参数：指针变量 p 所指向的已分配的动态空间。

4. realloc 函数

函数原型：void * realloc(void * p, unsigned int size);

功能：重新改变由 malloc 或 calloc 函数已分配的动态空间的大小。

函数的返回值：是一个指向原动态空间起始地址(即 p 的值不变)的指针。如果重新分配不成功，返回空指针 NULL。

在程序中使用以上函数时，应用“#include<stdlib.h>”预处理命令将 stdlib.h 头文件包含到程序中。

通过第 6 章的学习，我们知道数组的长度是一个常量表达式，C 语言规定在使用数组之前，事先必须定义好该数组的大小(元素的个数)，无法满足程序设计中数组动态增减的情况；利用指针和动态分配函数可以实现不定长的数组，避免内存空间的浪费。

9.2.3　建立动态链表

建立动态链表指的是在程序执行过程中根据需要从无到有地建立一个链表，为链表中的每一个结点动态申请内存空间，并建立各结点之间的前后相连关系。在动态链表的创建中，链表中的元素个数可以根据需要增加和减少，而数组，一旦声明后其数组元素个数就固定不变。

例 9.6　编写一个函数，建立动态链表。

解　动态链表与静态链表的主要区别是静态链表所有结点都是在程序中定义的，不是临时开辟的，也不能用完后释放；动态链表每个结点都需要使用动态开辟空间 malloc 函数进行创建新结点，输入该结点的数据；调整结点的指向情况，根据结点个数完成链表的创建。

程序代码：

```
#include "stdio.h"
#include "malloc.h"
#define LEN sizeof(struct student)
int n;
struct student
{
   int num;
   char name[20];
   float score;
   struct student *next;
};
struct student *creat(int n)
{
struct student *head;
struct student *p1, *p2;
int i=1;
printf("Creat Dynamic list:\n");
if(n>0)
{
   /*创建头结点*/
   head=(struct student *)malloc(LEN);
   printf("Please input Node %d data:\n",i);
   scanf("%d %s %f",&head->num,head->name,&head->score);
   p1 = head;
   /*依次创建链表其他结点*/
```

```
    for(i=2;i<=n;i++)
    {
      p2=(struct student *)malloc(LEN);
      printf("Please input Node %d data:\n",i);
      scanf("%d %s %f",&p2->num,p2->name,&p2->score);
      p1->next = p2;
      p1 = p2;
    }
    p2->next = NULL;
  }
  else
    head = NULL;           /*链表在创建前为空(无结点)*/
    return head;

  }
```

程序说明:

(1)创建链表程序中,指针变量 head 代表头指针,在链表创建过程中,始终指向链表的第一个结点,如果链表为空(n<=0),那么 head=NULL;指针变量 p2 用于指向新增的结点,p1 用于指向链表表尾的结点。

(2)当创建链表时,如果 n>0,说明动态链表中有结点,需要给链表动态新增结点,来完成链表的创建。当新增结点时,分两种情况:①当链表为空时,需要先给头指针赋值,使之成为链表第一个结点,并令 p1=head,即将 p1 指针指向当前链表表尾结点(此时表头和表尾是同一个结点);②如果链表不为空,则先给 p2(p2 指向新增的结点)分配内存空间,输入 p2 结点的值之后,执行语句“p1->next = p2;”和“p1 = p2;”,即将新结点的地址赋给链表表尾结点的指针成员 p1,建立新结点与链表的关系,并使 p1 指向链表表尾结点。

(3)每次将新结点插入链表后,便让新结点的指针成员值为 NULL,即执行语句“p2->next = NULL;”,使得新增结点成为链表当前的最后一个结点。

(4)函数返回头结点指针 head 的值。

9.2.4 输出链表

输出链表就是将链表中各结点的数据输出。要实现输出链表操作,必须得到链表中第一个结点的地址,即取得 head 的值。通过头指针 head 依次找到链表中各个结点,并输出各结点中的数据域。

```
void print(struct student * head)
{
  struct student * p;
  printf("Print Dynamic list:\n");
  p=head;
  if(head! =NULL)
  {
    do
```

```
    {
      printf("%d%10s%6.2f\n",p->num,p->name,p->score);
      p=p->next;
    }while(p! =NULL);
    }
}
```

程序说明：

(1)由形式参数 head 取得链表中第一个结点的地址。

(2)定义一个结构体指针 p,并使 p 指向链表的第一个结点。

(3)在链表非空的情况下,输出 p 所指向的结点的数据。

(4)使 p 指针移到下一个结点,通过语句“p=p－>next;”实现。

(5)循环执行(3)(4),循环条件是 p 所指向的结点不为 NULL(未到链表的表尾),即 p! =NULL。

9.2.5　对链表的删除操作

链表的删除操作就是将结点从链表中去除。该操作只需将要删除的结点的后一个结点的地址赋给前一个结点的指针成员即可。对链表进行删除操作过程中,不应改变链表原来的排列顺序,只是将待删除结点从链表中分离出来,撤销原来的链接关系。

图 9－4 所示是将结点 B 从链表中删除的示意图。根据链表的删除操作,只需从结点 B 的指针成员中取出结点 C 的地址,将其赋给结点 A 的指针成员即可,这样结点 A 直接指向结点 C,完成结点 B 的删除。

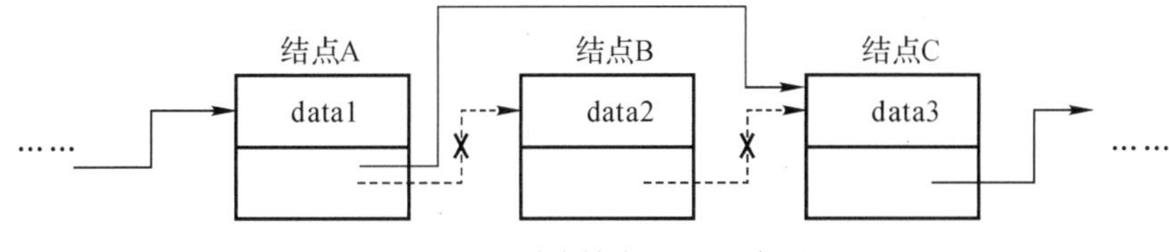

图 9－4　删除结点 B 的示意图

在链表的删除操作中,除了上述删除的基本操作外,还应考虑如下几种情况：

(1)如果链表为空表,则无须删除结点,直接退出程序。

(2)如果待删除的结点刚好是头结点时,只需将 head 指向该结点的下一个结点,即可完成该结点的删除,如图 9－5 所示。

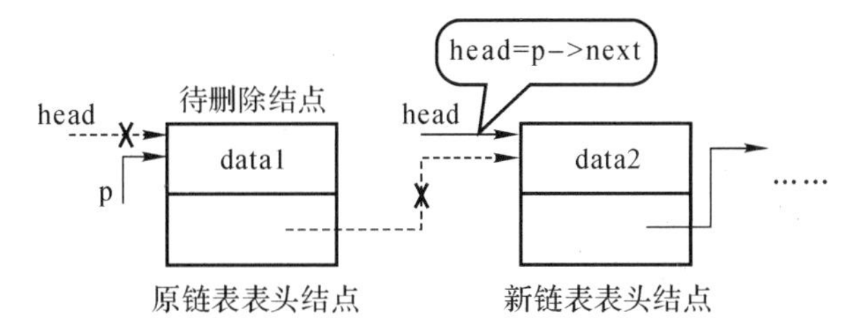

图 9－5　待删除结点为链表表头结点删除过程

(3)如果待删除的结点不是头结点,按照图9-4方式,完成B结点的删除。

```
struct student *del(struct student *head,int num)
{
  struct student *p1,*p2;
  /*链表为空,没有结点,则无法删除结点*/
  if(head==NULL)
  {
    printf("\nlist null! \n");
    return head;
  }
  p1=head;
  while(p1->num! =num&&p1->next! =NULL)
  {       /*若没有找到结点,且未到表尾,则继续找*/
    p2=p1;
    p1=p1->next;
  }
  if(p1->num==num)       /*若找到了结点p1,则删除该结点*/
  {
    /*若删除的结点为头结点,则让head指向第2个结点*/
    if(p1==head)
    {
        head=p1->next;       /*链表的头结点指针发生了变化*/
    }
  /*若删除的不是头结点,则将前一个结点的指针指向当前结点的下一个结点*/
    else
    {
      p2->next=p1->next;
    }
    printf("delete:%d\n",num);
    free(p1);          /*释放为已删除结点分配的内存*/
    }
    else          /*没有找到待删除的结点*/
      printf("%d not been found! \n",num);
    return head;/*返回删除结点后的链表的头结点指针*/
}
```

9.2.6 对链表的插入操作

链表的插入操作就是将一个结点连接到链表中。在对链表进行插入操作过程中,不应破坏整个链表原链接关系,插入的结点应该在它该链接的地方。

在结点插入前,需要首先确定插入的位置。插入结点前后有两个结点,先取出前一个结点中指针成员的值(该值表示后一个结点的地址),并赋给插入结点的指针成员,使插入结点指向后一个结点;然后将插入结点的地址赋给前一个结点的指针成员,使前一个结点指向了插入结点。

图 9－6 所示是将结点 D 插入到链表的示意图。

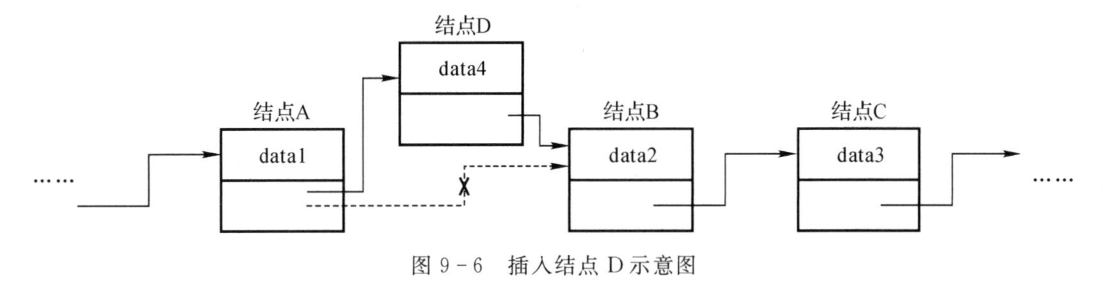

图 9－6　插入结点 D 示意图

在链表的插入操作中，除了上述插入的基本操作外，还应考虑如下几种情况：

(1)如果原链表为空表，则新插入的结点作为头结点，让 head 指向新插入结点 p，置新结点的指针域为空(p－＞next＝NULL)即可。

(2)如果新插入的结点位于原链表头结点之前时，则将 head 指向新插入结点 p，而新插入的结点指针域指向原来链表的头结点，如图 9－7 所示。

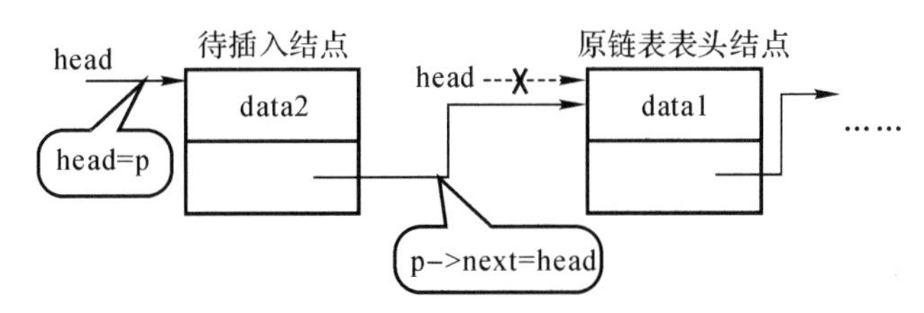

图 9－7　在链表表头插入新结点的过程

(3)如果新插入的结点位于原链表末尾，则将链表的最后一个结点的指针域指向新插入的结点 p，而新插入的结点的指针域置为 NULL，如图 9－8 所示。

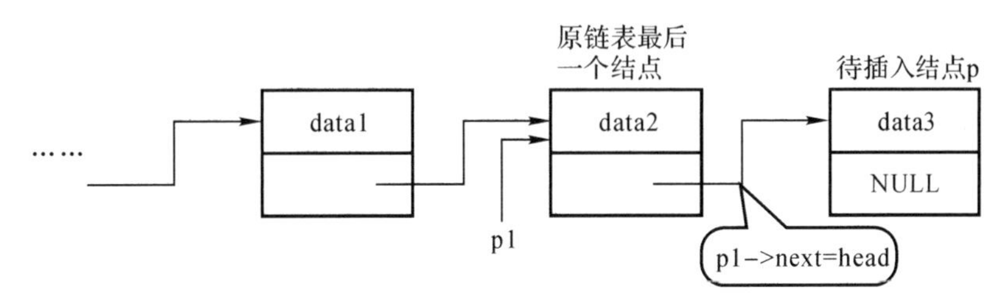

图 9－8　在链表末尾插入结点的过程

(4)如果新插入的结点位于原链表中间，按照图 9－6 方式，完成新结点的插入。

```
struct student *insert(struct student *head)
{
    struct student *p0, *p1, *p2;
    p0=(struct student *)malloc(LEN);
    printf("Insert node into dynamic list:\n");
    printf("Please input insert Node data:\n");
    scanf("%d %s %f",&p0->num,p0->name,&p0->score);
```

```
    p1=head;
      /*若原链表为空链表,则新插入的结点作为头结点*/
    if(head==NULL)
    {
      head=p0;
      p0->next=NULL;
    }
    else          /*原链表为非空链表*/
    {
        /*查找待插入新结点的位置,若未找到,则继续查找*/
      while((p0->num>p1->num)&&(p1->next!=NULL))
      {
        p2=p1;
        p1=p1->next;
      }
      if(p0->num<p1->num)
      {
          /*在头结点前插入新结点*/
        if(head==p1)
        head=p0;
      else
        p2->next=p0;
        p0->next=p1;
      }
      else              /*在原链表中间插入新结点*/
      {
        p1->next=p0;
        p0->next=NULL;
      }
    }

    return head;/*返回插入新结点后的链表的头结点指针*/
  }
```

例9.7 编写主函数,调用链表的建立、输出、插入和删除等4个函数,实现学生成绩的动态储存。

解 主函数调用链表的建立、输出、插入和删除等函数时,根据形参的类型,决定实参的具体类型。其中链表的建立函数中,形参代表的是结点的个数(整型);链表输出和插入函数中,通过形参head取得链表中第一个结点的地址;而链表删除函数中,除了通过形参head取得链表中第一个结点的地址,还包含了需要删除结点的num值。因此在主函数调用时,需根据上述形参的类型,决定实参的具体类型。

程序代码:

```
int main()
```

```
{
    struct student *stu;
    int n;          /* 动态链接结点个数 */
    int num;        /* 删除学生的学号 */
    printf("创建链表结点数：     ");
    scanf("%d",&n);
    stu = creat(n);
    stu = insert(stu);
    print(stu);
    printf("输入删除链表学生的学号：     ");
    scanf("%d",&num);
    stu=del(stu,num);
    print(stu);
    return 0;
}
```

程序执行结果：

```
创建链表结点数： 4
Creat Dynamic list:
Please input Node 1 data:
2005  陈XX  89.3
Please input Node 2 data:
2006  李XX  87.6
Please input Node 3 data:
2007  吴XX  90
Please input Node 4 data:
2008  王XX  92.4
Insert node into dynamic list:
Please input insert Node data:
2009  孙XX  78.4
Print Dynamic list:
2005        陈XX 89.30
2006        李XX 87.60
2007        吴XX 90.00
2008        王XX 92.40
2009        孙XX 78.40
输入删除链表学生的学号： 2008
delete:2008
Print Dynamic list:
2005        陈XX 89.30
2006        李XX 87.60
2007        吴XX 90.00
2009        孙XX 78.40
```

9.3 共　用　体

共用体也称为联合体，是将不同的数据类型组合在一起，共同占用同一段内存的用户自定义数据类型。共用体的声明和结构体类似，只是关键字为 union。C 语言定义共用体类型变量的一般形式为

union 共用体名

```
{
  数据类型 1 成员 1;
  数据类型 2 成员 2;
  数据类型 3 成员 3;
  …  …
}
```

例如:

```
union data
{
  char c;
  int  j ;
  float f;
};
```

共用体 data 的内存分配示意图如图 9-9 所示,c、i、f 三个变量在内存所占的字节数不同,但都是从同一地址开始存放,也就是使用覆盖技术,后一个数据覆盖了前面的数据。

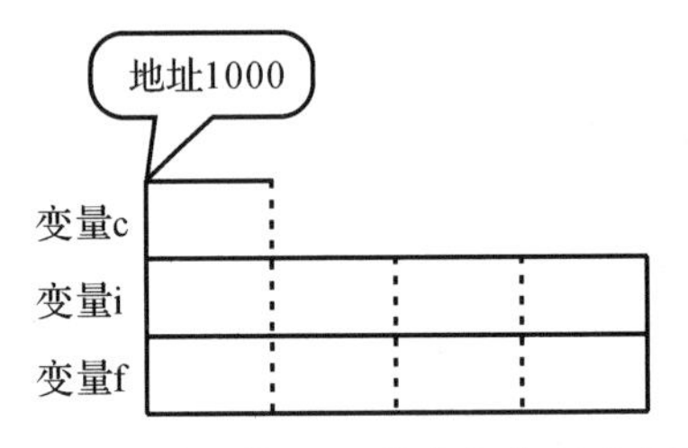

图 9-9　共用体 data 的内存分配示意图

共用体是由不同数据类型组成的,占用相同的内存空间,必须有足够大的空间将占用内存空间字节数最大的成员存储其内。因此共用体的内存空间的大小由占用内存空间字节数最大的成员所占的字节数决定。所以在共同体 data 中,所占内存的空间应该等于变量 c、i 和 f 中内存空间字节数最大的成员 i 和 j(它们在内存中都占 4 个字节),即共用体 data 在内存中所占空间的字节数为 4。

共用体采用与开始地址对齐的方式分配地址空间,由于覆盖技术的使用,当给成员 c 赋值时,成员 i 和 f 的值将被改变,这两个成员就失去其自身的意义;同样当给成员 i 赋值时,成员 c 和 f 的值也将被改变,这两个成员也失去其自身的意义。因此,不能给共用体的成员进行赋值操作。

使用共用体来使相关变量共享空间,其最大的好处在于节省了内存空间。

共用体的操作方式与结构体完全相同,可以赋值给具有相同类型的共用体,可以取地址(&),也可以用成员运算符或者指向运算符访问共用体的成员变量。共用体变量的定义方式有三种。

(1)在声明共用体的同时定义共用体变量。

```
union data
{
  char c;
  int  j ;
```

```
    float f;
  }a,b,c;
```

(2)先声明共用体类型,再定义共用体变量。

```
union data
{
   char c;
   int  j ;
   float f;
};
union data a,b,c;
```

(3)声明无名共用体类型的同时定义共用体变量。

```
union
{
   char c;
   int  j ;
   float f;
} a,b,c;
```

定义了共用体变量后,才能引用共用体变量中的成员。例如,正确引用成员 c、j 和 f:

a.j　　(引用共用体变量中的整型变量 j)

b.c　　(引用共用体变量中的字符型变量 c)

c.f　　(引用共用体变量中的浮点型变量 f)

不能只引用共用体变量(因为共用体变量 a 的存储区可以按不同类型存放数据,有不同的长度,仅写共用体变量名 a,系统无法知道应输出哪个成员的值),因此下面的引用是错误的:

```
printf("%f",a);
```

说明:

(1)共用体不能进行比较操作。

(2)共用体在初始化时,在 C99 运行对指定的一个成员初始化。

```
union data a = {.ch='k'};          //指定一个成员初始化
union data a = {32};               //默认给第一个成员的数据类型初始化
```

9.4　用 typedef 定义类型

C 语言中,除了可以使用 C 提供的标准类型名和自己声明的结构体、指针等类型外,还可以用关键字 typedef 声明新的类型来代替 C 语言中已有的类型名,以此来简化程序、增强程序的可读性。

typedef 语句的一般形式为如下:

```
typedef 原类型名  新的类型名;
```

例如:

```
typedef int INTEGER;
INTEGER a,b;
```

等效于:int a,b;

这样就用INTEGER代替了int类型,其本质上是用户为已经存在的数据类型名int取"别名"INTEGER。

(1)使用typedef定义新类型名时,需要注意:

1)新的类型名是由用户定义的一个合法的标识符,一般用大写表示。

2)typedef并没有建立新的数据类型,仅仅是已有类型的别名。

3)在程序设计中,有时在不同源文件中用到同一类型数据(结构体、指针等类型),常用typedef声明一些数据类型。通常将这些数据类型单独放在一个文件中,然后在需要它们的文件中使用预处理命令#include把它们包含进来。

4)使用typedef定义类型,可以增加程序可读性,简化书写。

(2)用typedef对已有的数据类型名取"别名"的一般方法如下:

1)先按定义变量的方法写出定义体(如:int i)。

2)将变量名换成新类型名(如:将i换成COUNT)。

3)在最前面加typedef(例如:typedef int COUNT)。

4)然后可以用此类型别名去定义变量。

例如使用typedef定义数组类型的别名:

```
typedef int COUNT[10];        /* 定义COUNT包含10个元素的整型数组 */
COUNT   num;                  /* 定义COUNT类型的变量num */
```

等价于:

```
int num[10];
```

使用typedef也可以定义结构体类型的别名:

```
typedef struct {
    char   name[10];
    int age;
    char sex;
}STUDENT;              /* 定义STUDENT为结构体类型 */
STUDENT stu1;          /* 定义STUDENT类型的变量stu1 */
```

等价于:

```
struct {
    char name[10];
    int age;
    char sex;
}stu1;
```

使用typedef定义指针类型的别名:

```
typedef   char *STRING;        /* 定义STRING为char的指针类型 */
STRING ch;                     /* 定义STRING类型的指针变量ch */
```

等价于:

```
char *ch;
```

有时也可以使用宏定义(#define)来代替typedef。二者的区别在于:宏定义只是简单地进行字符串替换,在预编译时处理;而typedef是在编译时处理的,它采用定义变量的方式来定义一个新的类型名,换句话说,它所定义出来的是类型而不是简单的字符串。

学 习 检 测

一、选择题

1. 有以下结构体声明、变量定义和赋值语句：

```
struct  STD
{
  char name[10];
    int age;
    char sex;
} s[5], * ps;
ps = &s[0] ;
```

则以下 scanf 函数调用语句中错误引用结构体变量成员的是(　　)。

A. scanf("%s",s[0].name);　　B. scanf("%d",&s[0].age);

C. scanf("%c",&(ps->sex));　　D. scanf("%d",ps->age);

2. 设有如下声明：

```
typedef struct ST
{
    long a;
    int b;
    char c[2];
}NEW;
```

则下面叙述中正确的是(　　)。

A. 以上的声明形式非法　　B. ST 是一个结构体类型

C. NEW 是一个结构体类型　　D. NEW 是一个结构体变量

3. 对于以下的变量定义，表达式(　　)是正确的。

```
struct node{
        char s[10];
        int k;
    }p[4];
```

A. p->k=2　　B. p[0].s="abc"　　C. p[0]->k=2　　D. p->s='a'

4. 以下各选项企图说明一种新的类型名，其中正确的是(　　)。

A. typedef　v1 int;　　B. typedef　v2=int;

C. typedef　int v3;　　D. typedef　v4: int;

5. 设有如下说明：

```
typedef struct ))
{
  int  n;
  char  c;
  double  x;
```

```
}STD;
```

则以下选项中,能正确定义结构体数组并赋初值的语句是(　　)。

A. STD　tt[2]={{1,'A',62},{2, 'B',75}};

B. STD　tt[2]={1,"A",62},{2, "B",75};))

C. struct　tt[2]={{1,'A'},{2, 'B'}};))

D. struct tt[2]={{1,"A",62.5},{2, "B",75.0}};

二、填空题

1. 若有以下定义和语句,则 sizeof(a)的值是________,而 sizeof(b)的值是________。

```
struct   tu
{
   int m;
   char n;
   int y;
   } a;
struct
{
   float   p;
   char   q;
   struct   tu   r;
} b;
```

2. 阅读下面的程序,程序结果为________。

```
struct   info
{
char a,b,c;
};
int main()
{
   struct info s[2]={{'a','b','c'},{'d','e','f'}};
   int t;
   t=(s[0].b-s[1].a)+(s[1].c-s[0].b);
   printf("%d\n",t);
   return   0;
}
```

3. 下列函数用于将链表中 tabdata 类型的成员 num 值与形参 n 相等的结点删除。

```
struct   tabdata *del(tabdata *h,int n)
{
   struct   tabdata   *p1, *p2;
   if(h==NULL)
   {
   printf("\n list null\n!")
   ________
```

```
    }
    p1=h;
    while(n! =p1->num&& ________)
    {
      p2=p1;
      p1=p1->next;
    }
  if(________){
    if(p1==h)  h =p1->next;
    else ________;
    printf("delete:%d\n",n);
  }
  else
    printf("%d not been found! \n",n) ;
  return  h;
  }
```

4. 如果 a、b 都是结构体变量，语句“a=b;”能够执行条件是________。

5. 程序中访问结构体数组元素 a[k]的成员 b，其正确的访问语句为________。

三、编程题

1. 将一个链表的结点进行逆置操作，原来的链表首结点成为现在的链表的尾结点，原来链表的尾结点成为现在链表的首结点。结点是以下类型的结构体变量，原来链表结点中的成员 n 的值就是结点在链表中的顺序号。

```
struct number
{
  int n;
  struct number * next;
};
```

2. 利用结构体类型分别写出复数的加、减运算函数，并在主函数中调用这些函数。

3. 有 10 个学生，每个学生的数据包括学号、姓名、3 门课程成绩，从键盘输入 10 个学生数据，要求输出 3 门课程总平均成绩，以及最高分的学生的数据(包括学号、姓名、3 门课程成绩、平均分数)

4. 定义一个结构体变量(包括年、月、日)。计算该日在本年中是第几天。(应考虑闰年问题)

5. 利用结构体类型，实现对一个班级某门功课成绩的录入，并对其进行综合排名后输出。学生可通过查询自己学号或者成绩来得到自己在班级里的综合排名情况。

6. 利用结构体变量自己编写程序解决万年历问题：输入任意一个日期，求该日是星期几。

7. 有两个链表 a 和 b，设结点中包含学号、姓名。从 a 链表中删除与 b 链表有相同学号的那些结点。

第 10 章　文件数据存取

问题引入

(1)前文介绍的各种编程技术的输入/输出都只用到键盘和显示器,即在运行程序时,通过键盘输入数据,由显示器显示运行结果。但这种方式最大的问题是,跟程序相关的数据无法保存,每次运行需要重复输入数据。

(2)在日常开发中,通常希望将程序的相关数据长期保存,以便在后期能持续使用。C 语言使用文件来解决该问题,方便用户对程序相关数据的处理。

知识要点

(1)文件与文件指针。

(2)文件的打开与关闭。

(3)文件的读/写。

(4)文件的定位。

程序设计中涉及的数据不仅来自以计算机系统内存储器为依托的简单变量、数组、构造数据类型(结构体)数据对象,而且还有以计算机系统外存储器为载体的数据对象(如记录、文件、数据库等)。内存数据依赖于计算机系统内存,具有处理速度快的优点,但其受限于内存大小,存在保存功能低、共享能力差的缺陷;外存数据依赖于计算机系统外存储器,具有容量大、共享能力强、可长期保存的优势,以此增加了计算机系统的处理能力。

文件是程序设计中一个重要概念,其实质是存储在计算机外存储器上的一组相关信息的集合。计算机操作系统以文件为单位对数据进行管理,也就是说如果想查找存在外部介质上的数据,必须按文件名找到所指定的文件,软件再从该文件中读取数据。要向外部介质上存储数据也必须先建立一个文件(以文件名标识),才能向它输出数据。C 语言提供了强大的机制来支持对文件进行各类操作。

10.1　使用文件永久保存信息

10.1.1　文件概述

1. 文件的概念

文件是指一组相关数据的有序集合。在 C 语言中，文件可泛指驻留在磁盘或其他外部介质上的一个有序数据集，即普通文件（如程序源文件、目标文件、可执行文件、音频视频等数据文件）；以及与主机相连的各种外部设备，即设备文件（如终端显示器、打印机、键盘等）。

C 语言把文件看作一个字节序列，即由一连串的字节组成，称为“流（stream）”，以字节为单位访问，没有记录的限制。输入输出字符流的开始和结束只由程序控制而不受物理符号（如回车符）的控制。因此也把这种文件称为“流式文件”。也就是说，在输出时不会自动增加回车换行符，以作为记录结束的标志；输入时不以回车换行符作为记录的间隔。C 语言允许对文件存取一个字符，这就增加了处理的灵活性。

2. 两种重要的文件类型

按照文本的组织形式，C 语言的文件可分为文本文件（即 ASCII 码文件）和二进制文件。

在文本文件中，每一个字节存放一个 ASCII 码，代表一个字符。其输出与字符一一对应，一个字节代表一个字符，因此便于对字符进行逐个处理。文本文件由文本行组成，每行中可以有 0 个或多个字符，并以换行符'\n'结束，文本结束标志是 0x1a 。

例如整数 123，在文件中占 3 个字节（文本文件存储方式，所占字节数等于该数的数字个数），内存中分别存放 3 个数字的 ASCII 码，见表 10 - 1。

表 10 - 1　字符对应的 ASCII 码

字　符	1	2	3
十进制的 ASCII 码	49	50	51
二进制的 ASCII 码	00110001	00110010	00110011

在二进制文件中，将数据按其在内存中的存储形式原样存放在磁盘上，一个字节并不对应一个字符，不能直接输出字符形式。

例如整数 123，在内存中占 2 个字节，则二进制文件中也占 2 个字节：

00000000	01111011

3. 缓冲文件系统和非缓冲文件系统

C 文件系统分为缓冲文件系统和非缓冲文件系统。

缓冲文件系统又称为高级磁盘输入输出系统，指系统自动在内存中为每一个正在使用的文件开辟一个缓冲区，当读写文件时，数据先送到缓冲区，再传给 C 程序或外存上，如图 10 - 1 所示。缓冲区的大小由具体的 C 版本确定，一般为 512 个字节。

非缓冲文件系统又称为低级磁盘输入输出系统，指系统不自动开辟固定大小的缓冲区，而由程序为每个文件设定缓冲区。文件读写函数也与缓冲文件系统不同。

在 C 语言中,对文件的读写都是用库函数来实现的,未设输入输出语句。缓冲文件系统输入输出一般称为标准输入输出(标准 I/O),而非缓冲文件系统输入输出称为系统 I/O。

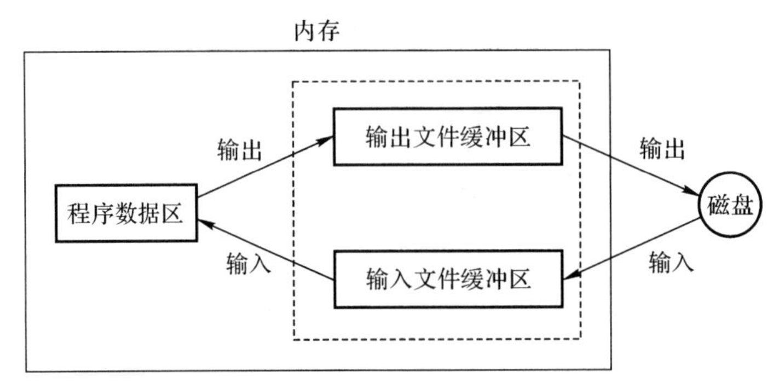

图 10-1 缓冲文件系统

标准 I/O 提供了 4 种操作文件的方法:

(1)fgetc()和 fputc():用来读写一个字符;

(2)fgets()和 fputs():用来读写一个字符串;

(3)fscanf()和 fprintf():用来进行格式化读写;

(4)fread()和 fwrite():用来读写一个数据库(记录)。

系统 I/O 只提供了按记录读写的方法,使用 read 和 write 函数,在此不做详细介绍。

4. FILE 文件指针

文件类型指针是缓冲文件系统中一个非常重要的概念。每个被使用的文件都在内存中开辟一个区,用于存放文件的有关信息(如文件名、文件当前位置和文件状态等)。这些信息都存在一个结构体变量中,该结构体类是系统定义的,取名为 FILE。Turbo C 有如下文件类型声明(在头文件“stdio. h”中):

```
typedef  struct
{
  short level;                    /* 缓冲区“满”或“空”的程度 */
  unsigned  flags;                /* 记录文件状态标志 */
  charfd;                         /* 文件描述符 */
  unsigned char hold;             /* 若无缓冲区,则不能读取字符 */
  short bsize;                    /* 缓冲区的大小,缺省为 512 字节 */
  unsigned char * buffer;         /* 数据缓冲区的位置 */
  unsigned char * curp;           /* 指针当前的指向 */
  unsigned  istemp;               /* 临时文件标识符 */
  short  token;                   /* 用于有效性检查 */
}FILE;
```

因此,可以直接使用 FILE 定义文件指针。定义文件指针的一般形式为

```
FILE * 指针变量标识符;
```

例如:

```
FILE * fp;
```

其中：

(1)FILE由C编译系统定义的，FILE应为大写，在编写源程序时，无需关心FILE结构的细节，直接使用。

(2)指针变量标识符遵循C语言标识符的命名规则。

(3)文件打开时，系统自动建立文件结构体，并把指向它的指针返回，程序通过该指针获得文件信息，访问文件；文件关闭后，其对应的文件结构体被释放。

(4)对文件操作的程序中，应在前面添加包含库文件“stdio.h”的预处理命令。

10.1.2　文件操作的一般过程

C语言操作文件的一般步骤如下：

定义文件类型指针⇒打开文件⇒读写文件⇒关闭文件

(1)定义文件类型指针：定义类型为FILE的指针变量。

(2)打开文件：建立用户程序与文件的联系，系统为文件开辟文件缓冲区。

(3)读写文件：指对打开的文件的读、写、追加和定位操作。

(4)关闭文件：切断文件与程序的联系，将文件缓冲区的内容写入磁盘，并释放文件缓冲区。

10.1.3　文件的打开与关闭

C语言要求在C程序访问数据文件之前，必须先打开文件，完成读写文件操作后，必须将文件关闭。文件的打开和关闭操作是通过C语言提供的库函数完成。

1. 文件打开(fopen)

fopen()函数调用的一般形式：

```
FILE *fp;
fp=fopen(文件名,使用文件方式);
```

其中：

“文件名”是将被打开文件的文件名，用字符串常量或字符串数组表示；如果不包含路径，则表示打开当前目录下的文件。“使用文件方式”是指文件的类型和操作方式，常用"r""w""a"等。

例如：

```
FILE *fp;                    //定义文件指针变量名fp
fp=fopen("test","r");        //以“只读”方式打开文件test(r代表read,即读入)
```

使用fopen函数，也可以打开指定目录下的某个文件，例如：

```
FILE *fp;
fp=fopen("D:\\test\\test.txt","r+");
```

其意义是打开D盘test文件夹中的test.txt文本文件，打开方式采用读写方式。其中"\\"中第一个反斜杠表示转义字符，由于C语言把'\'作为转义字符的标准，因此在表示“D:\test\test.txt”中的"\"时，需要写成"\\"。

使用文件的方式共有12种，可选用表10-2中的任何一个值。

表10-2 文件使用方式

文件使用方式	含 义
"rt"或"r"(只读)	打开一个文本文件,只允许读数据
"wt"或"w"(只写)	打开或建立一个文本文件,只允许写数据
"at"或"a"(追加)	打开一个文本文件,并在文件末尾追加写数据
"rb"(只读)	打开一个二进制文件,只允许读数据
"wb"(只写)	打开或建立一个二进制文件,只允许写数据
"ab"(追加)	打开一个二进制文件,并在文件末尾追加写数据
"rt+"或"r+"(读写)	打开一个文本文件,允许读和写
"wt+"或"w+"(读写)	打开或建立一个文本文件,允许读写
"at+"或"a+"(读写)	打开一个文本文件,允许读,或在文件末追加数据
"rb+"(读写)	打开一个二进制文件,允许读写
"wb+"(读写)	打开或建立一个二进制文件,允许读写
"ab+"(读写)	打开一个二进制文件,允许读写,或在文件末追加数据

说明:

(1)文件使用方式中,各符号的含义分别如下:

r(read):读。

w(write):写。

a(append):追加。

t(text):文本文件,可省略不写。

b(banary):二进制文件。

+:读和写。

(2)用"r"方式打开的文件只能用于向计算机输入而不能用于向文件输出数据,该文件已经存在,不能用"r"方式打开一个并不存在的文件,否则会出错。

(3)用"w"方式打开的文件只能用于向该文件写数据而不能用于向计算机输入。若打开的文件不存在,则在打开时新建立一个以指定的名字命名的文件。若打开的文件已存在,则在打开时将该文件删去,然后重新建立一个新文件。

(4)如果希望向文件末尾追加新的数据,则应该用"a"方式打开。但此时该文件必须已存在,否则将得到出错信息。

(5)用"rt+""wt+""at+"方式打开的文件既可以用来输入数据,也可以用来输出数据。用"rt+"方式时该文件已存在,以便向计算机输入数据。用"wt+"方式则新建立一个文件,先向此文件写数据,然后可以读此文件中的数据。用"at+"方式打开的文件,原来的文件不被删去,位置指针移到文件末尾,可以追加,也可以读。

(6)如果不能实现“打开”的任务,fopen 函数将会返回一个空指针值 NULL(NULL 在 stdio.h 文件中已被定义为 0),在程序中可通过该信息判断是否正常完成文件打开。常用下面方法打开一个文件:

```
if ((fp=fopen("file1","r"))==NULL)
{
  printf("cannot open this file\n");
  exit(0);
}
```

即先检查打开的操作有否出错，如果有错就在终端上输出“cannot open this file”。exit函数的作用是关闭所有文件，终止正在调用的过程，退出程序。

(7)在用文本文件向计算机输入数据时，将回车换行符转换为一个换行符，在输出时把换行符转换成为回车和换行两个字符。当用二进制文件时，不进行这种转换，在内存中的数据形式与输出到外部文件中的数据形式完全一致，一一对应。

(8)在程序开始运行时，系统自动打开3个标准文件：标准输入、标准输出和标准出错输出。通常这3个文件都与终端相联系，因此以前我们所用到的从终端输入或输出都不需要打开终端文件。系统自动定义了3个文件指针stdin、stdout和stderr，分别指向终端输入、终端输出和标准出错输出(也从终端输出)。如果程序中指定要从stdin所指的文件输入数据，就是指从终端键盘输入数据。

2. 文件关闭(fclose)

文件使用完应该关闭，防止再次被误用。所谓“关闭”就是使文件指针变量不再指向该文件，也就是使文件指针变量与文件脱离联系，释放与流联系的文件控制块，以备后期重复利用这部分空间。文件关闭操作后，不能再通过该指针变量对该文件进行读写操作。

fclose()函数调用的一般形式为

```
fclose(文件指针变量);
```

例如：

```
fclose(fp);    //表示关闭文件指针fp，即fp不再指向该文件
```

说明：

fclose()函数是带返回值，当文件关闭成功时，返回0，否则返回EOF(－1)，可以通过ferror函数来测试。EOF是在stdio.h中定义的一个符号常量，不是可输出字符，根据函数的返回值可以判断文件是否关闭成功。

10.2　文件的读写

文件打开之后，就可对它进行读写操作。读文件的过程，就是从文件中将数据复制到内存变量中；而写文件的过程，就是将内存变量中的数据复制到文件中。文件读写操作是按顺序执行的，先写入的数据存放在文件中前面的位置，后写入的数据存放在文件中后面的位置。顺序读写文件是通过库函数来实现的。

10.2.1　字符读/写函数

1. 单个字符输出函数fputc()

fputc()函数的功能是把一个字符写到磁盘文件上去。其一般调用形式为

```
fputc(ch,fp);
```

说明:

(1)fp是文件指针变量,ch是要写入文件的字符,可以是一个字符常量,也可以是一个字符变量。

(2)fputc函数带有一个返回值:如果写入成功,则返回写入的字符;如果写入失败,则返回一个EOF。EOF是符号常量,值为-1。

2. 单个字符输入函数 fgetc()

fgetc()函数的功能是从指定文件读入一个字符,该文件必须是以读或读写方式打开的。其一般调用形式为

```
ch=fget(fp);
```

说明:

(1)fp是文件指针变量,ch为字符变量。

(2)fgetc()函数带有一个返回值,赋值给ch。如果在执行该函数遇到文件结束符,函数返回一个文件结束标志EOF。若想从一个磁盘文件顺序读入字符并在屏幕上显示,程序片段为

```
ch=fgetc(fp);
while(ch! =EOF)
{
  putchar(ch);
  ch =fgetc(fp);
}
```

(3)读入字符后,文件读写位置向后移动一个字节。

例 10.1 把一个文本文件的内容复制到另一个文本文件中。

解 要完成文件拷贝,可采用单个字符读写的方式来完成,其具体操作:打开源文件(以"只读"方式)和目标文件(以"写"的方式),从源文件读取一个字符后,写入目标文件,直到文件指针移动到源文件的结尾(可使用feof()函数来判断)。

程序代码:

```
#include<stdio.h>
int main()
{
  /*字符数组 source 和 target 存放数据文件名(包含路径)*/
  char ch,source[20],target[20];
  FILE *fp_s,*fp_t;
  printf("Enter the source filename: ");
  scanf("%s",source);
  printf("Enter the target filename: ");
  scanf("%s",target);
  /*以"只读"方式打开源文件*/
  if((fp_s=fopen(source,"r"))==NULL)
  {
    printf("cannot open source file.\n");
    exit(1);
  }
```

```
    /* 以"写"方式打开目标文件 */
    if((fp_t=fopen(target,"w"))==NULL)
    {
      printf("cannot open target file.\n");
      exit(1);
    }
    while(! feof(fp_s))
    {
      ch = fgetc(fp_s);            /* 从源文件中读入一个字符,暂存在变量 ch 中 */
      fputc(ch,fp_t);
    }
    fclose(fp_s);
    fclose(fp_t);
    return 0;
  }
```

程序执行结果：

```
Enter the source filename: f:/test.txt
Enter the target filename: f:/test/myfile.txt
```

这样程序将从 F 盘根目录文件“test. txt”中读出字符，然后写入到 F 盘 test 文件夹下的“myfile. txt”文件中，实现文件拷贝功能。

3. 字符串读写函数 fgets()和 fputs()

(1)fgets()函数。fgets()函数的功能是从指定文件读入一个字符串，其一般调用形式为

```
fgets(str,n,fp);
```

其中：

str:字符指针，可以是字符数组名或字符指针变量；

n:读取字符个数(n−1)；

fp:文件指针变量。

其作用是从 fp 指向的文件读入 n−1 个字符，并把它们放到字符数组 str 中。如果在读入 n−1 个字符结束之前遇到换行或者 EOF，读入即结束。字符串读入在最后加一个'\0'字符，fgets()函数的返回值为 str 的首地址。如果读到文件尾或出错则返回 NULL。

(2)fputs()函数。fputs()函数的功能是向指定的文件输出一个字符串，其一般调用形式为

```
fputs(str,fp);
```

其中：

str:需要输入的字符串，可以是字符串常量或字符串指针；

fp:文件指针变量。

其作用是把字符数组 str 中的字符串输出到 fp 指向的文件，但字符串结束符'\0'不输出。fputs()函数中第一个参数可以是字符串常量、字符数组或者字符型指针。输出成功，函数值为 0；输出失败，为非 0 值。

例 10.2　从键盘读入 n 个学生的英文姓名，对它们按字母大小的顺序排序，然后将排好

序的字符串送到磁盘文件中保存。

解 该题目是一道文件处理与字符串排序的综合类题目。学生的姓名一般使用字符串来存放,为了程序处理的方便,选用二维字符数组来存放 n 个学生的英文姓名。C语言字符串输入的常用方法:使用循环语句和 scanf()函数,单个字符进行输入;使用字符串处理函数 gets()来完成字符串接收。

对存放在二维字符数组的字符串,首先进行字符串排序,然后将排好序的字符串写入磁盘文件。对字符串排序通常采用字符串处理函数 strcmp(),通过该函数的返回值,比较出两个字符串的大小,然后通过中间变量(字符数组)完成字符串的交换[使用字符串处理函数 strcpy()完成两个字符串的交换]。字符串排序可以采用冒泡排序或者选择排序算法。

当写入磁盘文件时,可以使用字符串读写函数 fgets()和 fputs(),其处理效率要比单个字符处理函数要高。

程序代码:

```
#include<stdio.h>
#include<stdlib.h>
#include<string.h>
int main()
{
  FILE *fp;
  /*二维数组存放学生的英文姓名,temp是临时数组*/
  char name[4][10],temp[10];
  int i,j,k,m=4;
  printf("Please input the student's Name:\n");
  for(i=0;i<m;i++)
    gets(name[i]);
  /*使用选择排序对字符串排序*/
  for(i=0;i<m-1;i++)
  {
    k=i;
    for(j=i+1;j<m;j++)
    {
      /*使用字符串比较函数比较字符串的大小*/
      if(strcmp(name[k],name[j])>0)
          k=j;
    }
    if(k!=i)
    {
        /*实现字符串的交换*/
        strcpy(temp,name[i]);
        strcpy(name[i],name[k]);
        strcpy(name[k],temp);
    }
  }
```

```
    if((fp=fopen("f:\\test\\myfile.dat","w"))==NULL)
    {
      printf("cannot open file! \n");
      exit(0);
    }

    printf("\nThe new sequence:\n");
    for(i=0;i<m;i++)
    {
      fputs(name[i],fp);
      fputs("\n",fp);              /* 给每个字符串后边输出一个换行符 */
      printf("%s\n",name[i]);      /* 屏幕输出显示 */
    }
    fclose(fp);                    /* 写操作完成后关闭文件指针 */

    /* 读文件时,重新打开文件 */
    if((fp=fopen("f:\\test\\myfile.dat","r"))==NULL)
    {
      printf("cannot open file! \n");
      exit(0);
    }
    printf("\nOutput form the File:\n");
    i=0;
    while(fgets(name[i],10,fp)!=NULL)
    {
      printf("%s",name[i]);
      i++;
    }
    fclose(fp);                    /* 读操作完成后关闭文件指针 */
    return 0;
}
```

程序执行结果：

```
Please input the student's Name:
zhangjie
wangyu
songjia
Lilei

The new sequence:
Lilei
songjia
wangyu
zhangjie

Output form the File:
Lilei
songjia
wangyu
zhangjie
```

程序说明：

程序在完成对排好序的字符串写入文件“f:/test/myfile. dat”后，此时文件指针 fp 并没有指向文件的开头，因此当使用 fgets()函数实现对文件“f:/test/myfile. dat”的写入操作时，需要重置文件指针到文件的开头位置，通常有两种处理方法：①先关闭文件指针，重新打开文件，这样文件的指针就回到了文件开始位置；②使用文件定位函数 rewind()，强制使当前工作指针指向文件的开头，该部分内容将在 10.2.4 节详细讲解。

10.2.2 数据块方式读/写函数

用 fgetc 和 fputc 函数每次只能读写文件中的一个字符，但在实际应用中，往往要针对数组、结构体等字节块数据项进行读写操作，该操作不是单个字符式读写，而是按定义的字节块数据项整体进行读写。C 语言允许按记录方式进行文件读写，这样可以方便地对程序中的数组、结构体数据进行整体输入或输出。按数据块方式读写时，使用函数 fread()和 fwrite()。

1. 数据块读函数 fread()

fread()一般调用形式为

```
fread(buffer,size,count,fp);
```

说明：

(1)fp 是 FILE 类型指针，即指向待读的文件。

(2)buffer 是存放读入数据的内存起始地址，通常是指针变量名、数组名。

(3)size 是要读入的一个数据块的字节数(即数据块的大小)。

(4)count 是要读入的数据块的个数。

例如有一个结构体类型数组：

```
struct student
  {
      int num;
      char name[19];
      char sex;
      int age;
      char tel[20];
      char addr[40];
  }stu[20];
```

在结构体数组中包含 20 个元素，每个元素用于存放一个学生信息(包括学号、姓名、性别、年龄、联系方式、地址等)。若学生信息已存放在磁盘文件中，则可以使用以下 fread()函数读入 20 个学生的信息：

```
for(i=0;i<19;i++)
    fread(&stu[i],sizeof(struct student),1,fp);
```

2. 数据块写函数 fwrite()

fwrite()一般调用形式为

```
fwrite(buffer,size,count,fp);
```

说明：

(1)fp 是 FILE 类型指针,即指向待写的文件。

(2)buffer 是要写入数据在内存中的起始地址(即从何处开始写入)。

(3)size 是要写入的一个数据块的字节数(即数据块的大小)。

(4)count 是执行一次 fwrite()函数从内存写入到 fp 文件的数据块数目。

同样的,可以通过 fwrite()函数将内存中的学生信息数据写入到磁盘文件中:

```
for(i=0;i<19;i++)
    fwrite(&stu[i],sizeof(struct student),1,fp);
```

fread()和 fwrite()函数的返回值均为 int 型,如果 fread()和 fwrite()函数执行成功,则返回为形参 count 的值,即读入和写入数据项的完整个数。

例 10.3　从键盘上输入 4 个学生的数据,然后存储在磁盘文件中。

解　由于学生的数据包含多种信息(学号、姓名、性别、年龄等),故可选用结构体数组将 4 位学生的信息存储,然后使用数据块方式读/写函数,将 4 位学生的信息存储在磁盘文件中。

程序代码:

```
#include "stdio.h"
#include "stdlib.h"
#define SIZE 4
struct student
{
   int num;
   char name[19];
   char sex;
   int age;
   char tel[20];
   char addr[40];
}stu[SIZE];
void save()
{
   FILE * fp;
   int i;
   /* 打开文件 */
   if((fp=fopen("stu_list.txt","wb"))==NULL)        //以二进制形式打开
   {
      printf("cannot open file\n");
      exit(0);
   }
   /* 将学生基本信息写入文件中 */
   for(i=0;i<SIZE;i++)
   {
      if(fwrite(&stu[i],sizeof(struct student),1,fp)! =1)
         printf("file write error!");
   }
   fclose(fp);
```

```
}

int main()
{
    int i;
    printf("Please input data:\n");
    /* 数组赋值 */
    for(i=0;i<SIZE;i++)
scanf("%d %s %c %d %s %s",&stu[i].num,stu[i].name,&stu[i].sex,&stu[i].age,stu[i].tel,
stu[i].addr);
    save();
    return 0;
}
```

程序执行结果:

```
Please input data:
2001  李XX  M  20 029-84701466   西安市雁塔区
2002  江XX  F  18 029-88378995   西安市碑林区
2003   宋XX   M   19  021-68353079    上海市浦东区
2004   张XX   F   20  0911-81101466   延安市宝塔区
```

程序说明:

将数据直接存储在磁盘文件中,文件以二进制形式打开,当直接使用记事本以文本形式打开时,会发现写入的文件中存在乱码,因此要读刚写入的文件内容,可以使用 fread()函数读出。为验证在磁盘文件“stu_list”中是否已存在数据,可以从“stu_list”文件中读入数据,然后在屏幕上显示出来,程序如下:

```
#include<stdio.h>
#include<stdlib.h>
#define SIZE 4
struct student_type
{
    int num;
    char name[19];
    char sex;
    int age;
    char tel[20];
    char addr[40];
}stud[SIZE];

int main()
{
    int i;
    FILE *fp;
    /* 打开文件 */
    if((fp=fopen("stu_list.txt","rb"))==NULL)        //以二进制形式打开
```

```
    {
      printf("cannot open file\n");
      exit(0);
    }
    /* 读文件的内容,并在屏幕上输出 */
    for(i=0;i<SIZE;i++)
    {
      fread(&stud[i],sizeof(struct student_type),1,fp);
  printf("%d%8s%4c%4d%-20s%-40s\n",stud[i].num,stud[i].name,stud[i].sex,stud[i].age,
stud[i].tel,stud[i].addr);
      }
      fclose(fp);
    return 0;
  }
```

程序执行结果：

```
2001    李XX   M  20029-84701466        西安市雁塔区
2002    江XX   F  18029-88378995        西安市碑林区
2003    宋XX   M  19021-68353079        上海市浦东区
2004    张XX   F  200911-81101466       延安市宝塔区
```

10.2.3　格式化读/写函数

fscanf()和 fprintf()函数分别为文件操作的格式输入函数和格式输出函数。与 scanf()和 printf()函数的作用类似,均为格式化读写函数。其区别在于 fscanf()和 fprintf()函数的操作对象是指定磁盘文件,而 scanf()和 printf()函数的操作对象是标准输入文件 stdin 及标准输出文件 stdout,即终端设备。

其一般调用形式为

fprintf(文件指针,控制字符串,参量表);

fscanf(文件指针,控制字符串,参量表);

例如：

```
int k=3;
float m=3.1415;
fprintf(fp,"%4d,%6.2f",k,m);
```

表示将变量 k 按"%4d"格式、m 按"%6.2f"格式写入文件指针 fp 所指向的文件中。

```
fscanf(fp,"%4d,%c",&i,&ch);
```

表示在 fp 所指向的文件按"4d%"格式读一个整型数赋给变量 i,按"%c"格式读一个字符赋给变量 ch。

例 10.4　从键盘上输入 4 个学生的姓名和 2 门课程的成绩(百分制),将它们写入"format.txt"文件中,然后再从"format.txt"文件中读出并显示在屏幕上。

解　将 4 名学生的姓名以及 2 门课程的成绩首先存储在数组中,然后针对数组的元素,采用格式化读/写函数完成文本文件中的数据储存、读取。4 名学生的姓名可选用字符类型的指针数组或者二维字符数组来存储；为了保证 4 名同学的成绩不会出现混乱，对成绩的存储可选用二维整型数组来存储。

程序代码：

```
#include "stdio.h"
#include "stdlib.h"
int main()
{
char student[4][30];
int  score[4][2],i;
FILE *fp;
if((fp=fopen("format.txt","w"))==NULL)
{
  printf("cannot open file\n");
  exit(0);
}
printf("Please input score:\n");
for(i=0;i<4;i++)
{
  fscanf(stdin,"%s %d  %d",student[i],&score[i][0],&score[i][1]);
  fprintf(fp,"%s %d  %d\n",student[i],score[i][0],score[i][1]);
}
fclose(fp);
if((fp=fopen("format.txt","r"))==NULL)
{
  printf("cannot open file\n");
  exit(0);
}
printf("Output score:\n");
for(i=0;i<4;i++)
{
  fscanf(fp,"%s  %d  %d",student[i],&score[i][0],&score[i][1]);
  fprintf(stdout,"%s  %d  %d\n",student[i],score[i][0],score[i][1]);
}
fclose(fp);
return 0;
}
```

程序执行结果：

```
Please input score:
李XX   90   88
江XX   66   80
宋XX   89   98
张XX   78   89
Output score:
李XX  90  88
江XX  66  80
宋XX  89  98
张XX  78  89
```

10.2.4　文件的随机读写

顺序读写文件是从文件的开头开始顺序读写各个数据，无论是采用字符读写函数、数据块方式读写，还是采用格式化读写函数操作文件，都是从文件的开头开始，完成对文件数据的读写。但在现实中常常要按照要求对文件中的某些数据进行读写，为了解决这样的问题可移动文件内部的位置指针到需要读写的位置，再进行读写，这种读写称为随机读写。实现随机读写的关键是要按要求移动位置指针，即文件的定位。

1. 位置指针复位函数 rewind()

rewind()函数的作用是使文件位置标记重新返回文件的开头，该函数没有返回值。rewind()的一般调用形式为

rewind(文件指针)；

2. 随机读写函数 fseek()

随机读写是指读写完当前数据后，可通过调用 fseek()函数，将位置指针移动到文件中的任何一个地方。fseek()的一般调用形式为

fseek(文件类型指针，位移量，起始点)；

说明：

(1)"起始点"用 0、1 或 2 代替，0 代表"文件首"，1 为"当前位置"，2 为"文件末尾"，也可以使用"SEEK_SET"等符号常量来表示，C 标准指定的名字见表 10－3。

表 10－3　fseek 函数"起始点"与符号常量及数字的对应关系

起始点	表示符号	用数字代表
文件开始位置	SEEK_SET	0
文件当前位置	SEEK_CUR	1
文件末尾位置	SEEK_END	2

(2)"位移量"指以"起始点"为基点，向前移动的字节个数。位移量是 long 型数据(ANSI C 标准规定在数字末尾加一个字母 L 表示 long 型数据)。

例如：

```
fseek(fp,5L,0);            /* 将位置指针移动到离文件开头 5 个字节处 */
fseek(fp,-5L,2);           /* 将位置指针移动到倒数第 5 个字节处 */
fseek(fp,0,SEEK_END);/* 将位置指针移动到文件的末尾 */
```

(3)fseek()调用成功，则函数返回值为 0；失败则返回非零值。

例 10.5　输入学生的基本信息存放在文件中，然后输出第 1、3、5 个学生的基本信息。

解　该题目涉及学生的基本信息(多个属性)，一般都采用结构体来存放，而对于多名学生信息存储，则选用结构体数组来存放。所以需要先将 n 个学生的基本信息，存放在结构数组中(可采用初始化的方式、使用 scanf()函数动态输入的方式)，然后将每位学生的信息，使用 fwrite()写入到磁盘文件中。

要输出第 1、3、5 个学生的基本信息，需要重新移动文件指针 fp，使用文件随机读写函数

fseek()和 fread(),从文件的开始位置的指针进行随机读写,最后将读文件的信息使用格式化控制语句输出。

程序代码:

```
#include<stdio.h>
#include<stdlib.h>
#define SIZE 6
struct student
{
   int num;
   char name[19];
   char sex;
   int age;
   char tel[20];
   char addr[40];
}stu[SIZE];

int main()
{
   FILE *fp;
   int i;
   if((fp=fopen("student.dat","rb"))==NULL)
   {
      printf("cannot open the file\n");
      exit(0);
   }
   printf("Input the student info:\n");
   for(i=0;i<SIZE;i++)
   {
      /*结构体数组赋值*/
   scanf("%d %s %c %d %s %s",&stu[i].num,stu[i].name,&stu[i].sex,&stu[i].age,stu[i].tel,
stu[i].addr);
      /*将学生信息写入文件中*/
      fwrite(&stu[i],sizeof(struct student),1,fp);
   }
   rewind(fp);        //将当前工作指针指向文件头
   printf("Output the student info:\n");
   for(i=0;i<SIZE;i++,i++)
   {
      /*从文件的开始位置的指针进行随机读写*/
      fseek(fp,i*sizeof(struct student),0);
      fread(&stu[i],sizeof(struct student),1,fp);
   printf("%d%8s%4c%4d%-20s%-40s\n",stu[i].num,stu[i].name,stu[i].sex,stu[i].age,stu
```

```
[i].tel,stu[i].addr);
        }
      return 0;
    }
```

程序执行结果：

```
Input the filename:
D:/files/myfile.txt
Output the file:
2001  李XX   M   20   029-84701466    西安市雁塔区
2002  江XX   F   18   029-8837899     西安市碑林区
2003  宋XX   M   19   021-68353079    上海市浦东区
2004  张XX   F   20   0911-81101466   延安市宝塔区
2005  董XX   M   18   029-84523466    西安市雁塔区
2006  耿XX   M   20   010-82346899    北京市朝阳区

统计结果:
区号为：029的有3个
性别为：M的有4个
```

3. 获取文件指针当前位置 ftell()

ftell()函数的作用是获取文件位置指针相对于文件开头的位置。ftell()的一般调用形式为

```
i=ftell(fp);
```

说明：

(1)fp 为文件指针变量。

(2)该函数用来获取所指文件的位置指针的当前位置，用相对于文件开头的偏移量来表示，单位是字节，类型为 long 型。

(3)ftell()调用成功返回 fp 的当前文件位置，失败返回－1L。

10.3　文件读写出错检测

C 语言通过库函数来检查各种输入输出函数调用时可能的错误，文件检测函数主要有以下几种。

1. 文件结束检测函数 feof()

feof()函数的作用是检测文件是否处于文件结束位置，若文件结束，则返回 1，否则返回 0。feof()一般调用形式为

```
feof(文件指针变量);
```

2. 读写文件出错检测函数 ferror()

在调用各种输入输出函数时，如果出错，除了通过函数返回值检测外，也可以通过 ferror()检查。ferror()的一般调用形式为

```
ferror(文件指针变量);
```

当 ferror()函数返回值为 0，表示未出错，返回非 0 值，则表示出错。

3. 文件出错标志和文件结束标志置0函数 clearerr()

clearerr()函数的作用是清除出错标志和文件结束标志,使其置为0。clearerr()的一般调用形式为

```
clearerr(文件指针变量);
```

只要出现错误标志,就一直保留,直到对同一个文件调用 clearerr()函数或 rewind()函数,或任何其他一个输入输出函数时才会改变。

例 10.6 编写一个程序,读取磁盘上的学生基本信息的一个文件,并统计区号为"029"和性别为"M"学生的人数。

解 该题目是文件操作的综合应用的题目,包含文件操作、对读取的文件信息处理等功能。文件内存放的学生信息包含学生的学号、姓名、性别(男 F、女 M)、年龄、电话号码和家庭住址信息,题目要求统计区号为"029"和性别为"M"学生的人数,可采用读取文件中单个字符的方式,从文件中读取学生的基本信息,然后进行字符比较(可将"029"存放在字符数组、"M"存放在字符变量中),以此统计出满足条件的学生人数。

程序代码:

```
#include<stdio.h>
#include<stdlib.h>
#include<string.h>
int main()
{
  char s[4]="029",sex='M';              /*比较字符串和字符*/
  FILE *fp;
  char filename[30],ch;
  int i=0,n1=0,n2=0;
  long fpos,len;
  printf("Input the filename:\n");
  gets(filename);              /*输入文件名*/
  if((fp=fopen(filename,"r"))==NULL)
  {
    printf("cannot open the file\n");
    exit(0);
  }
  printf("Output the file:\n");
  ch=fgetc(fp);
  /*文件内容读出并显示在屏幕*/
  while(ch!=EOF)
  {
    putchar(ch);
    ch=fgetc(fp);
  }
  rewind(fp);          /*将当前工作指针指向文件头*/
  len=strlen(s);
```

```
    ch=fgetc(fp);          /* 从文件中获取一个字符 */
    while(! feof(fp))
    {
      if(ch==s[0])          /* 如果第一个字符相等,比较剩余的字符串 */
      {
        fpos=ftell(fp);          /* 记住当前文件指针位置 */
        for(i=1;i<len;i++)
        {
          if(fgetc(fp)! =s[i])          /* 如果不匹配,跳出循环 */
          {
              fseek(fp,fpos,0);/* 重新设置指针的位置 */
              break;
          }
        }
        if(i==len)              /* 如果匹配成功,累加数目 */
            n1++;
      }
      if(ch==sex)           /* 与字符 sex 匹配,累加数目  */
        n2++;
      ch=fgetc(fp);
    }
    fclose(fp);
    printf("统计结果:\n");
    printf("区号为:%s 的有%d 个\n",s,n1);
    printf("性别为:%c 的有%d 个\n",sex,n2);
    return 0;
  }
```

程序执行结果:

```
Input the filename:
D:/files/myfile.txt
Output the file:
2001   李XX   M   20    029-84701466    西安市雁塔区
2002   江XX   F   18    029-8837899     西安市碑林区
2003   宋XX   M   19    021-68353079    上海市浦东区
2004   张XX   F   20    0911-81101466   延安市宝塔区
2005   董XX   M   18    029-84523466    西安市雁塔区
2006   耿XX   M   20    010-82346899    北京市朝阳区

统计结果:
区号为: 029的有3个
性别为: M的有4个
```

学习检测

一、选择题

1. 设fp为指向某二进制文件的指针,且已读到此文件末尾,则函数feof(fp)的返回值为(　　)。

A. EOF　　B. 非0值　　C. 0　　D. NULL

2. 以下叙述中正确的是(　　)。

A. C语言中的文件是流式文件,因此只能顺序存取数据

B. 打开一个已存在的文件并进行了写操作后,原有文件中的全部数据必定被覆盖

C. 在一个程序中当对文件进行了写操作后,必须先关闭该文件然后再打开,才能得到第一个数据

D. 当对文件的读(写)操作完成之后,必须将它关闭,否则可能导致数据丢失

3. 以下叙述中错误的是(　　)。

A. C语言中对二进制文件的访问速度比文本文件快

B. C语言中,随机文件以二进制代码形式存储数据

C. 语句FILE fp;定义了一个名为fp的文件指针

D. C语言中的文本文件以ASCII码形式存储数据

4. C语言中的文件类型只有(　　)。

A. 索引文件和文本文件两种　　B. 文本文件一种

C. 二进制文件一种　　D. ASCII码文件和二进制文件两种

5. 以下与函数fseek(fp,0L,SEEK_SET)有相同作用的是(　　)。

A . feof(fp)　　B . ftell(fp)

C . fgetc(fp)　　D . rewind(fp)

二、填空题

1. C语言程序中对文本文件的存取是以________为单位进行的。

2. 将一个文本文件(ma.dat)拷贝到另一个文本文件(niu.dat)中。

```
#include <stdio.h>
int main()
{
  FILE  *ma, *niu;
  ma = fopen("ma.dat",________);
  niu = fopen("niu.dat","w");
  while(! feof(ma))
      fputc(fgetc(ma),________);
  fclose(niu);
  ________;
  return  0;
```

```
}
```

3. 将 26 个小写英文字母中的元音字母(a,e,i,o,u)写入到文件 vo.txt 中。

```
#include<stdio.h>
int main()
{
   char ________;
   FILE *fp;
   fp = fopen("vo.txt","w");
   for(ch='a';ch<='z';ch++)
      if(________)
         fputc(ch,fp);
      ________;
   return  0;
}
```

4. 若执行 fopen 函数时发生错误,则函数的返回值为________。

5. 以下程序用来统计文件中字符个数。

```
#include "stdio.h"
int main()
{
   FILE *fp; long num=0L;
   if((fp=fopen("fname.dat","r"))==NULL)
   {
      pirntf("Open error\n"); exit(0);
   }
   while(________)
   {
      fgetc(fp);
      num++;
   }
   printf("num=\n",num-1);
   fclose(fp);
   return 0;
}
```

三、编程题

1. 把文本文件 x1.dat 复制到文本文件 x2.dat 中,要求仅复制 x1.dat 中的非空格字符。

2. 从键盘输入若干行字符,输入后把它们存储到一个硬盘文件中,再从文件中读入这些数据,将其中小写字母转换成大写字母并在屏幕上显示出来。

3. 将键盘上输入的一个字符串(以"@"作为结束字符)以 ASCII 码形式存储到一个磁盘文件中。要求用带参数的主函数实现。使用格式为"可执行文件名要创建的磁盘文件名"。

4. 教师基本信息数据文件内容格式如下:

```
struct  teacher
{
  long number;
  char name[10];
  int age;
  float salary;
};
```

输出教师工资在1 000～2 000之间的教师编号、姓名、年龄、工资。

5. 调用fputs()函数,把10个字符串输出到文件中,再从文件中读出这10个字符串放在一个字符串数组中,最后把字符串数组中的字符串输出到屏幕上,以验证所有操作是否正确。

6. 假设有5个学生,每个学生有三门课的成绩,从键盘输入数据(包括学号、姓名和三门课成绩),计算出平均成绩,将原有的数据和计算出的平均分存放在磁盘文件"stud"中。

7. 有两个磁盘文件"A"和"B",各存放一行字母,要求把这两个文件中的信息合并(按字母顺序排列),输出到一个新文件"C"中。

8. 使用fwrite()函数,实现将键盘输入4个学生的数据(姓名、学号、年龄和地址)存储到磁盘文件中。使用fread()函数,将磁盘文件中4个学生的数据,在屏幕上输出。

9. 将一个文本类型的磁盘文件中的信息拷贝到另一个磁盘文件中。

10. 从键盘上输入一个字符串和一个十进制整数,将它们写入"format. txt"文件中,然后再从"format. txt"文件中读出并显示在屏幕上。

第 11 章　位　运　算*

问题引入

(1)数据在内存中是以二进制的形式存放的。二进制位(Bit)是计算机中最小的信息单位。一位二进制能表达“0”“1”两个信息,多个二进制位组合起来就可以表示多种信息。如 Visual C++ 2010 学习版中,基本整数类型数据在内存中占 4 个字节,即 32 位。

(2)如果要求在不使用第三个变量的条件下,将两个变量的值进行交换,此时就可以使用位运算来实现。

知识要点

(1)位运算及其运算符。

(2)与运算及或运算。

(3)异或运算。

(4)取反运算。

(5)左移及右移运算。

11.1　位运算概念

位(Bit)运算是指进行二进制位的运算。C 语言提供了位运算的功能,使得 C 语言能像汇编语言一样编写系统程序。

电子计算机的主要部件(CPU、存储器等)是由成千上万的数字电路组成的,每一个电路都有两种稳定的状态,可以用一个二进制位的“0” 和“1”表示。

11.2　位运算符号

C 语言提供了逻辑位运算符和移位运算符两类位运算符。

逻辑位运算符主要实现对二进制位逐个进行逻辑运算,包括按位与“&”、按位或“|”、按位异或“∧”和取反“~”;移位运算符用于实现二进制位的顺序向左或向右移位,包括左移“<<”和右移运算符“>>”,见表 11-1。

表 11-1 位运算符及含义表

运算符	含　义
&	按位与
|	按位或
∧	按位异或
~	取反
<<	左移
>>	右移

位运算符使用说明：

(1)取反运算符为一元运算符，其他位运算符均为二元运算符。

(2)进行运算的操作数仅为整型或字符型数据。

(3)位运算符的优先级从高到低依次为：按位取反运算符(～)、左移运算符(<<)和右移运算符(>>)、按位与运算符(&)、按位异或运算符(^)、按位或运算符(|)。

(4)位运算符中除按位取反运算符(～)结合性为自右至左结合，其他位运算符结合性均为自左至右结合。

11.3 与 运 算

运算符：&。

语法格式：

操作数1& 操作数2

运算规则：两个操作数进行与运算，就是将两个操作数的二进制形式按位进行与运算。若对应的两个二进制位都为1，则该位运算结果值为1，否则为0。即，0&0=0，0&1=0，1&0=0，1&1=1。

逻辑位运算规则类似于前文所述逻辑运算，其运算规则也可用真值表表示。假设p和q分别表示一个二进制位，则逻辑“与”运算真值表见表11-2。

表 11-2 逻辑“与”运算真值表

p	q	p&q
0	0	0
0	1	0
1	0	0
1	1	1

例如 1&7 的算式为

```
     1=00000001
(&)7=00000111
     00000001
```

则有 1&7=1。如果参加位运算的操作数为负数,则将该数以补码的形式表示为二进制数,然后按位进行“与”运算。

例 11.1 编程任意输入两个数 a 和 b,程序计算输出 a&b 的值。

解 使用与运算符“&”对输入数据进行与运算。

程序代码:

```
#include<stdio.h>
int main()
{
    int a,b,c;
    scanf("%d,%d",&a,&b);
    c = a & b;
    printf("a&b=%u\n",c);
    return 0;
}
```

程序执行结果:

```
11,56
a&b=8
```

按位与运算常见用途:

(1)数据进行按位“与”运算可以清零,即将原数据中为 1 的位置换为 0,只需让该数据与 0 进行“与”操作便可实现清零操作。

(2)利用“与”运算可以取数据特定位的值。例如,要取某数据的后 2 位,只需让该数据与后 2 位均为 1 的数进行“与”运算即可。

(3)判断某整数是奇数还是偶数。例如,a&1 = 0 则 a 为偶数,a&1 = 1 则 a 为奇数。

11.4 或 运 算

运算符:|。

语法格式:

操作数 1|操作数 2

运算规则:两个操作数进行或运算,就是将两个操作数的二进制形式按位进行或运算。若对应的两个二进制位都为 0,则该位运算结果值为 0,否则为 1。即,0|0=0,0|1=1,1|0=1,1|1=1。

假设 p 与 q 分别为一个二进制位,则逻辑“或”运算真值表见表 11-3。

表 11－3　逻辑“或”运算真值表

p	q	p|q
0	0	0
0	1	1
1	0	1
1	1	1

例如 1|7 的算式：

```
        1=00000001
(|)     7=00000111
        ----------
          00000111
```

则有 1|7=7。如果参加位运算的操作数为负数，则将该数以补码的形式表示为二进制数，然后按位进行“或”运算。

例 11.2　编程任意输入两个数 a 和 b，程序计算输出 a|b 的值。

解　使用或运算符“|”对输入数据进行或运算。

程序代码：

```
#include<stdio.h>
int main()
{
    int a,b,c;
    scanf("%d,%d",&a,&b);
    c = a | b;
    printf("a&b=%u\n",c);
    return 0;
}
```

程序执行结果：

```
11,56
a | b=59
```

按位或运算常见用途：

(1)数据进行按位“或”运算可以置 1，即将原数据中为 0 的位置换为 1，只需让该数据与 1 进行“或”操作便可实现置 1 操作。

(2)利用“或”运算可以取数据特定位的值。例如，要取某数据的后 2 位，只需让该数据与后 2 位均为 0 的数进行“或”运算即可。

11.5　异或运算

运算符：∧。

语法格式：

操作数 1∧操作数 2

运算规则:两个操作数进行异或运算,就是将两个操作数的二进制形式按位进行异或运算。若对应的两个二进制位相同,则该位运算结果值为0,否则为1。即 0∧0=0,0∧1=1,1∧0=1,1∧1=0。

假设p与q分别为一个二进制位,则逻辑"异或"运算真值表见表11-4。

表11-4 逻辑"异或"运算真值表

p	q	p∧q
0	0	0
0	1	1
1	0	1
1	1	0

例如1∧7进行按位或运算结果为

```
          1=00000001
(∧)      7=00000111
-------------------
            00000110
```

则有1∧7=6。如果参加位运算的操作数为负数,则将该数以补码的形式表示为二进制数,然后按位进行"异或"运算。

例11.3 编程任意输入两个数a和b,程序计算输出a∧b的值。

解 使用异或运算符"∧"对输入数据进行异或运算。

程序代码:

```
#include<stdio.h>
int main()
{
   int a,b,c;
   scanf("%d,%d",&a,&b);
   c = a ^ b;
   printf("a∧b=%u\n",c);
   return 0;
}
```

程序执行结果:

```
11,56
a^b=51
```

按位或运算常见用途:

(1)数据进行按位"异或"运算可以使特定位的值翻转,即将原数据中某些位的值翻转(即原位0翻转为1,原位1翻转为0),只需让该数据需要翻转位与对应位都是1的另一数据进行"异或"操作便可实现指定位的翻转操作。

(2)"异或"运算的另外一个主要用途,就是在不使用中间变量的情况下实现两个变量值的交换。

例11.4 编程实现任意输入两个数a和b,不使用中间变量将a和b的值交换并输出。

解 利用"异或"运算符先计算a、b两个数中相同位和不同位信息均保存在c中,再用c分别与a和b进行异或运算,就将两个数进行了交换。

程序代码:

```c
#include<stdio.h>
int main()
{
   int a,b,c;
   scanf("%d,%d",&a,&b);
   printf("a=%d,b=%d",a,b);
   c = a ^ b;
   a = c ^ a;
   b = c ^ b;
   printf("a=%d,b=%d",a,b);
   return 0;
}
```

程序执行结果:

```
18,21
a=18,b=21
a=21,b=18
```

11.6 取反运算

运算符:~。

语法格式:

~操作数1

运算规则:一个操作数进行按位取反运算,就是将该操作数的二进制形式按位进行取反运算。若对应的二进制位为0,则该位运算结果值为1,否则为0,即,~0=1,~1=0,也称"非"运算。

假设p与q分别为一个二进制位,则逻辑"非"运算真值表见表11-5。

表11-5 逻辑"非"运算真值表

p	~p
0	1
1	0

例如~7进行按位取反运算结果为

$$\begin{array}{r} (\sim)7=00000111 \\ \hline 11111000 \end{array}$$

则有,~7=37777777770。

例11.5 编程实现任意输入数a,计算并输出~a的值。

解 使用取反运算符"~"对输入数据进行取反运算。

程序代码：

```
#include<stdio.h>
int main()
{
   int a;
   unsigned b;
   scanf("%d",&a);
   printf("a=%d\n",a);
   b = ~a;
   printf("~a=%u\n",b);
   return 0;
}
```

程序执行结果：

```
18
a=18
~a=4294967277
```

注意：对数据进行逻辑“非”运算，并不是获取这个数的相反数(即～42的结果不是－42)。

11.7 左移运算

运算符：<<。

语法格式：

操作数1<<操作数2

运算规则：左移运算符用来将运算符左侧操作数的二进制位全部左移运算符右侧操作数位。

左移运算时，高位左移后溢出舍弃，低位补0。

例如15<<2运算步骤及结果如下：

15的二进制形式	15<<1	15<<2
00001111	00001111→00011110	00011110→00111100
运算结果	30	60

不难看出，当不存在左移高位溢出时，每左移1位相当于该数乘以2，左移 n 位相当于乘以 2^n。

例11.6 编程实现将任意输入数a左移三位，计算并输出运算结果。

解 使用左移运算符“<<”对输入数据进行左移三位运算。

程序代码：

```
#include<stdio.h>
int main()
{
```

```
    int a;
    scanf("%d",&a);
    printf("a=%d\n",a);
    a = a<<3 ;
    printf("a=%d\n",a);
    return 0;
}
```

程序执行结果：

```
2
a=2
a=16
```

11.8 右移运算

运算符：">>"。

语法格式：

操作数1>>操作数2

运算规则：右移运算符用来将运算符左侧操作数的二进制位全部右移运算符右侧操作数位。

右移运算时，低位右移后被舍弃，对于无符号数高位补0。

例如15>>2运算步骤及结果如下：

15的二进制形式	15>>1	15>>2
00001111	00001111→00000111	00001111→00000011
运算结果	7	3

不难看出，无符号数或正数，每右移1位相当于该数除以2，右移 n 位相当于除以 2^n。当有符号数符号位为1时，右移运算高位补0或1由计算机系统决定。

例如取整数a的第 k 位($k=0,1,2,\cdots$)，即a>>k&1

在移位过程中，各个二进制位顺序向右移动，移出右端之外的位被舍弃，左端空出的位是补0还是补1取决于具体的机器和被移位的数是有符号数还是无符号数。具体规则如下：

(1)对无符号数进行右移时，左端空出的位一律补0。

(2)当对用补码表示的有符号数右移时，有的机器采取逻辑右移，有的机器采取算术右移。当逻辑右移时，不论正数还是负数，左端空位一律补0。算术右移时，正数左端的空位全部补0，负数则全部补1。

例11.7 编程实现将任意输入数a右移两位，计算并输出运算结果。

解 使用右移运算符">>"对输入数据进行右移两位运算。

程序代码：

```
#include<stdio.h>
int main()
```

```
{
    int a;
    scanf("%d",&a);
    printf("a=%d\n",a);
    a = a>>3 ;
    printf("a=%d\n",a);
    return 0;
}
```

程序执行结果：

```
16
a=16
a=4
```

例11.8 编写一个移位函数，该移位函数既能实现数据的循环左移也能实现循环右移。参数 n 大于0的时候表示左移 n 位，n 小于0的时候表示右移 n 位。

解 由题目可知，该函数有两个参数，一个代表原始数据，一个代表移位方向及位数；应根据第二位参数的正负判断使用左、右移位运算符进行移位运算，将运算结果作为函返回值返回。

程序代码：

```
#include<stdio.h>
int move(int x,int n)
{
    if(n>0)
        return x<<n;
    else
        return x>>(-n);
}
int main()
{
    int x,n;
    printf("input x,n\n");
    scanf("%d,%d",&x,&n);
    printf("x=%d,n=%d\n",x,n);
    printf("result=%d\n",move(x,n));
    return 0;
}
```

程序执行结果：

```
input x,n
2,1
x=2,n=1
result=4
```

学习检测

一、填空题

1.位运算是C语言的一种特殊运算，它是以________为单位进行运算的。

2.当按位“与”运算只有对应的两个二进制位均为________时，运算结果为1，否则为0。

3.当使用________运算可以实现对指定位进行翻转。

4.左移运算符是把运算数的左边各二进制位全部左移若干位，高位________，低位补0。

5.在进行右移位运算时，对有符号数需要注意符号位问题。当为正数时，最高位补________。

二、编程题

1.编写程序，输入一个数，使其低4位翻转并输出运算结果。

2.编程实现输入一个8进制数，输出其后4位对应的数。

参考答案

第 1 章

一、选择题

1. C　2. C　3. B　4. C　5. D

二、填空题

1. 源程序　2. 函数

三、编程题

略。

第 2 章

一、选择题

1. B　2. D　3. C　4. B　5. B

二、填空题

1. 0　2. 30　3. * *　4. a=4,b=9.50　5. "c:\abc.dat"

三、改错题

1. 第一处:int n = 0 。第二处:if(i%3! =0 && i%7! =0)。

2. 第一处:if(score>=88) n++。第二处:if(sum>=450 || n==5)。

四、编程题

略。

第 3 章

一、选择题

1. C　2. B　3. D　4. A　5. A

二、填空题

1. 8　2. 顺序　3. 3　4. i=123,j=45

三、编程题

略。

第4章

一、选择题

1.C　2.D　3.B　4.B　5.A

二、填空题

1.基本if语句、if...else语句、if...else if语句

2.未配对

3.0

4.0

5.条件运算符

三、分析题

略。

四、编程题

略。

第5章

一、选择题

1.C　2.B　3.C　4.B　5.D　6.C

二、填空题

1.(1) a[5] 或 a[]

(2) space 或' '

(3) 5 或 =4

2. (1—2)

3. 0;y=1,x=0

4.无数次

5. =1/i

三、编程题

略。

第6章

一、选择题

1.C　2. D　3.D　4.C　5.B　6.C

二、填空题

1. 15　2.a[j—1]=t　3. s2[j]! ='\0'　4.s[i]

三、编程题

略。

第7章

一、选择题

1. C　2. C　3. A　4. D　5. D

二、填空题

1. 地址传递　值传递

2. 3 3 6 5;3 2 2 5

3. 18

4. 5d5d5d5d5d5d

5. a,b

三、编程题

略。

第8章

一、选择题

1. B　2. C　3. B　4. C　5. A

二、填空题

1. 另一个变量地址

2. 首字符地址

3. int *p =_a;

4. p=i

5. len++;p++

三、改错题

1. (1)char str[20];

(2) len=length(str);

(3) while(*p! ='\0') 或 while(*p) 或 while(*p! =0) 或 while(*p! =NULL)

2. (1)for(i=0,j=0;*(ptr+i)! ='\0';i++)

(2) if(*(ptr+i)>'z' || *(ptr+i)<'a'&&*(ptr+i)>'Z' || *(ptr+i)<'A')

(3) *(ptr+j)=*(ptr+i);

四、编程题

略。

第9章

一、选择题

1.D　2.C　3.A　4.C　5.A

2、填空题

1.12　20

2.2

3.(1)return h　(2)p1－＞next！＝NULL　(3)n＝＝p1－＞num

(4)p2－＞next = p1－＞next

4.a和b为同类型的结构体变量

5.a[k].b或者(a＋k)－＞b

三、编程题

略。

第10章

一、选择题

1.B　2.D　3.C　4.D　5.D

二、填空题

1.字节

2.(1)"r"　(2)niu　(3)fclose(ma)

3.(1)ch

(2)ch＝＝'a'||ch＝＝'e'||ch＝＝'i'||ch＝＝'o'||ch＝＝'u'

(3)fclose(fp)

4.0

5.！feof(fp)

三、编程题

略。

第11章

一、填空题

1.二进制位

2.1

3.异或

4.丢弃

5.0

二、编程题

略。

附　　录

附录 A　C 语言主要关键字

关键字	含　义	关键字	含　义
auto	声明自动变量缺省时编译器默认为 auto	break	跳出当前循环或 switch 结构
case	开关语句分支	char	声明字符型变量
const	声明只读变量(常变量)	continue	结束当前循环,开始下一轮循环
default	开关语句中的其他分支	do	循环语句的循环体
double	声明双精度变量	else	条件语句的否定分支
enum	声明枚举变量	extern	声明变量是从其他文件中引用来的
float	声明浮点型变量	for	循环语句
if	条件语句	int	声明整型变量
long	声明长整型变量	register	声明寄存器变量
return	子程序返回语句(参数可有可无)	short	声明短整型变量
signed	声明有符号类型变量	sizeof	计算对象所占内存空间大小
static	声明静态变量	struct	声明结构体变量
switch	用于开关语句	typedof	给数据类型取别名
union	声明联合体(联合数据)变量	unsigned	声明无符号类型变量
void	声明函数无返回值或无参数,声明空类型指针	volatile	说明变量在程序执行中可能会被隐式地改变
goto	无条件跳转语句	while	循环语句的循环条件

附录B　C运算符的优先级与结合性

优先级	运算符	含　义	结合方向	运算符类型	使用形式
1	[]	数组元素下标	自左向右		数组名[常量表达式]
	()	圆括号、函数参数表			(表达式)/函数名(形参表)
	.	引用结构体成员			对象.成员名
	－＞	指向结构体成员			对象指针－＞成员名
2	－	负号	自右向左	单目运算符	－表达式
	(类型)	强制类型转换			(数据类型)表达式
	＋＋	自增		单目运算符	＋＋变量名/变量名＋＋
	－－	自减			－－变量名/变量名－－
	*	间接寻址运算符			*指针变量
	&	取地址运算符			&变量名
	!	逻辑非			!表达式
	～	按位取反			～表达式
	sizeof	计算机字节运算符			sizeof(表达式)
3	/	除	自左向右	双目运算符	表达式/表达式
	*	乘			表达式*表达式
	%	余数(取模)			整型表达式/整型表达式
4	＋	加	自左向右	双目运算符	表达式＋表达式
	－	减			表达式－表达式
5	＜＜	左移	自左向右	双目运算符	变量＜＜表达式
	＞＞	右移			变量＞＞表达式

续表

<table>
<tr><th>优先级</th><th>运算符</th><th>含　义</th><th>结合方向</th><th>运算符类型</th><th>使用形式</th></tr>
<tr><td rowspan="4">6</td><td>＞</td><td>大于</td><td rowspan="4">自左向右</td><td rowspan="4">双目运算符</td><td>表达式＞表达式</td></tr>
<tr><td>＞＝</td><td>大于等于</td><td>表达式＞＝表达式</td></tr>
<tr><td>＜</td><td>小于</td><td>表达式＜表达式</td></tr>
<tr><td>＜＝</td><td>小于等于</td><td>表达式＜＝表达式</td></tr>
<tr><td rowspan="2">7</td><td>＝＝</td><td>等于</td><td rowspan="2">自左向右</td><td rowspan="2">双目运算符</td><td>表达式＝＝表达式</td></tr>
<tr><td>！＝</td><td>不等于</td><td>表达式！＝表达式</td></tr>
<tr><td>8</td><td>&</td><td>按位与</td><td>自左向右</td><td>双目运算符</td><td>表达式 & 表达式</td></tr>
<tr><td>9</td><td>^</td><td>按位异或</td><td>自左向右</td><td>双目运算符</td><td>表达式^表达式</td></tr>
<tr><td>10</td><td>|</td><td>按位或</td><td>自左向右</td><td>双目运算符</td><td>表达式|表达式</td></tr>
<tr><td>11</td><td>&&</td><td>逻辑与</td><td>自左向右</td><td>双目运算符</td><td>表达式 && 表达式</td></tr>
<tr><td>12</td><td>||</td><td>逻辑或</td><td>自左向右</td><td>双目运算符</td><td>表达式||表达式</td></tr>
<tr><td>13</td><td>?:</td><td>条件运算符</td><td>自右向左</td><td>三目运算符</td><td>表达式 1? 表达式 2: 表达式 3</td></tr>
<tr><td rowspan="11">14</td><td>＝</td><td>赋值运算符</td><td rowspan="11">自右向左</td><td rowspan="12"></td><td>变量＝表达式</td></tr>
<tr><td>/＝</td><td>除后赋值</td><td>变量/＝表达式</td></tr>
<tr><td>*＝</td><td>乘后赋值</td><td>变量*＝表达式</td></tr>
<tr><td>%＝</td><td>取模后赋值</td><td>变量%＝表达式</td></tr>
<tr><td>＋＝</td><td>加后赋值</td><td>变量＋＝表达式</td></tr>
<tr><td>－＝</td><td>减后赋值</td><td>变量－＝表达式</td></tr>
<tr><td>＜＜＝</td><td>左移后赋值</td><td>变量＜＜＝表达式</td></tr>
<tr><td>＞＞＝</td><td>右移后赋值</td><td>变量＞＞＝表达式</td></tr>
<tr><td>&＝</td><td>按位与后赋值</td><td>变量 &＝表达式</td></tr>
<tr><td>^＝</td><td>按位异或后赋值</td><td>变量^＝表达式</td></tr>
<tr><td>|＝</td><td>按位或后赋值</td><td>变量|＝表达式</td></tr>
<tr><td>15</td><td>,</td><td>逗号运算符</td><td>自左向右</td><td>表达式 1,表达式 2,…</td></tr>
</table>

附录C　常用字符与ASCII代码对照表

ASCII值	键盘字符	ASCII值	键盘字符	ASCII值	键盘字符	ASCII值	键盘字符
027	ESC	060	<	089	Y	118	v
032	SPACE	061	=	090	Z	119	w
033	!	062	>	091	[	120	x
034	“	063	?	092	\	121	y
035	#	064	@	093	]	122	z
036	$	065	A	094	ˆ	123	{
037	%	066	B	095	_	124	|
038	&	067	C	096	`	125	}
039	‘	068	D	097	a	126	~
040	(	069	E	098	b		
041	)	070	F	099	c		
042	*	071	G	110	d		
043	+	072	H	101	e		
044	,	073	I	102	f		
045	-	074	J	103	g		
046	。	075	K	104	h		
047	/	076	L	105	i		
048	0	077	M	106	j		
049	1	078	N	107	k		
050	2	079	O	108	l		
051	3	080	P	109	m		
052	4	081	Q	110	n		
053	5	082	R	111	o		
054	6	083	S	112	p		
055	7	084	T	113	q		
056	8	085	U	114	r		
057	9	086	V	115	s		
058	：	087	W	116	t		
059	；	088	X	117	u		

附录D　常用ANSI C标准库函数

1. 数学函数

当使用数学函数时，应在源文件中包含头文件“math. h”。

函数名	函数原型	功　能	说　明
acos	double acos(double x)	计算 $\cos^{-1}(x)$ 的值	要求 x 在 $-1\sim1$ 之间
asin	double asin(double x)	计算 $\sin^{-1}(x)$ 的值	要求 x 在 $-1\sim1$ 之间
atan	double atan(double x)	计算 $\tan^{-1}(x)$ 的值	
atan2	double atan2(double x, double y)	计算 $\tan^{-1}(x/y)$ 的值	
cos	double cos(double x)	计算 $\cos(x)$ 的值	x 的单位为弧度
cosh	double cosh(double x)	计算双曲余弦函数 $\cosh(x)$ 的值	
exp	double exp(double x)	计算 e^x 的值	
fabs	double fabs(double x)	计算 x 的绝对值	x 为双精度
floor	double floor(double x)	计算不大于 x 的最大整数	
fmod	double fmod(double x, double y)	计算整除 x/y 的余数	
frexp	double frexp (double val, int * eptr)	把双精度数 val 分解成数字部分(尾数) x 和以 2 为底的指数 n，即 $val=x\cdot2^n$ 存放在 eptr 指向的变量中	返回尾数 x，x 在 $0.5\sim1.0$ 之间
log	double log(double x)	计算 $\log_e(x)$ 的值	$x>0$
log10	double log10(double x)	计算 $\log_{10}(x)$ 的值	$x>0$
modf	double modf (double val, int * iptr)	把双精度数 val 分解成数字部分和小数部分，小数部分返回，把整数部分存放在 iptr 指向的双精度型变量中	
pow	double pow(double x, double y)	计算并返回的值	
pow10	double pow10(int x)	计算并返回的值	
sin	double sin(double x)	计算并返回正弦函数 $\sin(x)$ 的值	x 的单位是弧度
sinh	double sinh(double x)	计算双曲正弦函数 $\sinh(x)$ 的值	
sqrt	double sqrt(double x)	计算 $\sqrt{x}$ 的值	$x\geqslant0$
tan	double tan(double x)	计算并返回正切函 $\tan(x)$ 的值	x 的单位是弧度
tanh	double tanh(double x)	计算并返回双曲正切函数 $\tanh(x)$ 的值	

2. 字符处理函数

当使用字符处理函数时,应在源文件中包含头文件"ctype. h" 。

函数名	函数原型	功 能	说 明
isalnum	int isalnum(int ch)	检查 ch 是否是字母或数字	是字母或数字返回 1,否则返回 0
isalpha	int isalpha(int ch)	检查 ch 是否是字母	是字母返回 1,否则返回 0
isascii	int isascii (int ch)	检查 ch 是否是 ASCII 字符	是返回 1,否则返回 0
iscntrl	int iscntrl (int ch)	检查 ch 是否控制字符(其 ASCII 码在 0 和 0xlF 之间)	是控制字符返回 1,否则返回 0
isdigit	int isdigit (int ch)	检查 ch 是否是数字	是返回 1,否则返回 0
isgraph	int isgraph (int ch)	检查 ch 是否是可打印字符(ASCII 码在 33~126 之间),不包括空格和控制字符	是可输出字符返回 1,否则返回 0
islower	int islower(int ch)	检查 ch 是否是小写字母	是小写字母返回 1,否则返回 0
isprint	int isprint (int ch)	检查 ch 是否是可打印字符,包括空格	
ispunct	int ispunct (int ch)	检查 ch 是否是标点字符(不包括空格),即除字母、数字和空格以外的所有可输出字符	是标点返回 1,否则返回 0
isspace	int isspace (int ch)	检查 ch 是否是空格、水平制表符('\t')、回车符('\n')、走纸换行('\f')、垂直制表符('\v')或换行符('\n')	是返回 1,否则返回 0
isupper	int isupper(int ch)	检查 ch 是否是大写字母	是大写字母返回 1,否则返回 0
isxdigit	int isxdigit (int ch)	检查 ch 是否是一个十六进制数字字符(即 0~9,或 A~F,或 a~f)	是返回 1,否则返回 0
tolower	int tolower (int ch)	将 ch 字符转换为小写字母	返回 ch 对应的小写字母
toupper	int toupper (int ch)	将 ch 字符转换为大写字母	返回 ch 对应的大写字母

3. 字符串处理函数

当使用字符串处理函数时，应在源文件中包含头文件“string. h”。

函数名	函数原型	功　能	说　明
memset	void * memset (void * buf, char ch, unsigned count)	将字符 ch 复制到 buf 指向的数组前 count 个字符中	返回 buf
memcpy	void * memcpy (void * dest, const void * src, size_t n)	从 src 所指的内存地址拷贝 *n* 个字符到 dest 所指的内存地址。和 strncpy 不同，memcpy 并不是遇到'\0'就结束，而是一定会拷贝完 *n* 个字节	返回 dest
memmove	void * memmove (void * dest, const void * src, size_t n)	从 src 所指的内存地址拷贝 *n* 个字符到 dest 所指的内存地址，和 memcpy 有一点不同，memcpy 的两个参数 src 和 dest 所指的内存区间如果重叠则无法保证正确拷贝，而 memmove 却可以正确拷贝	返回 dest
strcat	char * strcat (char * str1, const char * str2)	把字符串 str2 接到 str1 后面，取消原来 str1 最后面的串结束符“\0”	返回 str1
strchr	char * strchr (char * str, int ch)	找出 str 指向的字符串中第一次出现字符 ch 的位置	返回指向该位置的指针，如找不到，则返回 0
strcmp	char * strcmp (const char * str1, const char * str2)	比较字符串 str1 和 str2	若 str1 ＜ str2，返回 −1；str1 = str2 返回 0；str1＞str2，返回 1
strcpy	char * strcpy (char * str1, const char * str2)	把 str2 指向的字符串复制到 str1 中去	返回 str1
strlen	int strlen(const char * str)	统计字符串 str 中字符的个数(不包括结束符“\0”)	返回字符个数
strlwr	char * strlwr(char * str)	将串 str 中的字母转为小写字母	返回 str
strncat	char * strncat (char * str1, const char * str2, unsigned count)	把字符串 str2 指向的字符串中最多 count 个字符连到串 str1 后面，并以'\0'结尾	返回 str1
strncpy	char * strncpy (char * str1, const char * str2, unsigned count)	把字符串 str2 指向的字符串中前 count 个字符复制到串 str1 中去	返回 str1
strstr	char * strstr (const char * str1, const char * str2)	寻找 str2 指向的字符串在 str1 指向的字符串中首次出现的位置	返回 str2 指向的字符串首次出现的地址，否则返回 0
strupr	char * strupr(char * str)	将串 str 中的字母转换为大写字母	返回 str

4. 缓冲文件系统的输入、输出函数

当使用缓冲文件系统的输入、输出函数时,应在源文件中包含头文件“stdio. h”。

函数名	函数原型	功 能	说 明
clearerr	void clearerr (FILE * fp)	复位错误标志	
fclose	int fclose(FILE * fp)	关闭文件指针 fp 所指向的文件,释放缓冲区	成功返回 0,出错返回 EOF 并设置 errno
feof	int feof(FILE * fp)	检查文件是否结束	遇文件结束符返回非 0 值,否则返回 0
ferror	int ferror(FILE * fp	检查 fp 指向的文件中的错误	无错时返回 0,有错时返回非 0 值
fflush	int fflush(FILE * fp)	如果 fp 所指向的文件是“写打开”,则将输出缓冲区的内容物理地写入文件;若文件是“读打开”的,则清除输入缓冲区中的内容	成功返回 0,出现写错误时,返回 EOF
fgetc	int fgetc(FILE * fp)	从 fp 指向的文件中取得一个字符	返回所取得的字符,若读入出错则返回 EOF
fgets	char * fgets(char * buf, int n, FILE * fp)	从 fp 指向的文件读取一个长度为(n−1)的字符串,存放到起始位置为 buf 的空间	成功则返回地址 buf,若读入出错则返回 NULL
fopen	FILE * fopen(const char * filename, const char * mode)	以 mode 指定的方式打开名为 filename 的文件	成功则返回一个文件指针,否则返回 NULL
fprintf	int fprintf(FILE * fp, char * format [, argument,…]	将 argument 的值以 format 指定的格式输出到 fp 所指向的文件中	返回实际输出字符个数,出错则返回负数
fputc	int fputc(char ch, FILE * fp)	将字符 ch 输出到 fp 指向的文件中	成功则返回该字符,否则返回 EOF
fputs	int fputs(char str, FILE * fp)	将 str 指向的字符串输出到 fp 指向的文件中	成功则返回 0,否则返回非 0
fread	int fread(void * ptr, unsigned size, unsigned n, FILE * fp)	从 fp 所指向的文件中读取长度为 size 的 n 个数据项,存到 ptr 所指向的内存区中	返回所读的数据项个数,若遇到文件结束或出错,返回 0
fscanf	int fscanf(FILE * fp, char * format [, argument,…])	从 fp 所指向的文件中按 format 指定的格式将输入数据送到 argument 所指向的内存单元	已输入的数据个数

续表

函数名	函数原型	功　能	说　明
fseek	int fseek(FILE * stream, long offset, int base)	将fp所指向的文件位置指针移到以base所指出的位置为基准，以offset为位移量的位置	返回当前位置，否则返回－1
ftell	long ftell(FILE * fp)	返回fp所指向的文件中的读写位置	返回fp所指向的文件中的读写位置
fwrite	int fwrite(const void * ptr, unsigned size, unsigned n, FILE * fp)	将ptr所指向的n * size字节输出到fp所指向的文件中	返回写到fp所指向的文件中的数据项的个数
getc	int getc(FILE * stream)	从fp所指向的文件中读入一个字符	返回所读字符，若文件结束或出错，返回EOF
getchar	int getchar(void)	从标准输入设备读取下一个字符	返回所读字符，若文件结束或出错，返回－1
gets	char * gets(char * str);	从标准输入设备读入字符串，放到str所指定的字符数组中，一直读到接收换行符或EOF时为止，换行符不作为输入串的内容，变成'\0'后作为该字符串的结束	
perror	void perror(const char * str)	向标准错误输出字符串str，并随后附上冒号以及全局变量errno代表的错误消息的文字说明	
printf	int printf(const char * format[,argument,…])	将输出列表argument的输出到标准输出设备	输出字符的个数，若出错，则返回负数
putc	int putc(char ch, FILE * fp)	将一个字符ch输出到fp指向的文件中	返回输出的字符ch；若出错，返回EOF
putchar	int putchar(char ch)	将一个字符ch输出到标准输出设备	返回输出的字符ch；若出错，返回EOF
puts	int puts(const char * string)	将str指向的字符串输出到标准输出设备，将'\0'转换为回车换行	返回换行符；若出错，返回EOF
rename	int rename(char * oldname, char * newname)	把oldname所指的文件名改为由newname指定的文件名	成功返回0，出错返回1
rewind	void rewind(FILE * fp)	将fp指向的文件中的位置指针置于文件的开头位置，并清除文件结束标志	
scanf	int scanf(const char * format[,argument,…])	从标准输入设备按format指向的字符串规定的格式，输入数据给argument所指向的单元	读入并赋给的数据个数，遇文件结束返回EOF；出错返回0

5.动态内存分配函数

当使用动态内存分配函数时,应在源文件中包含头文件“stdlib.h”,也有编译系统用“malloc.h”来包含。

函数名	函数原型	功　能	说　明
calloc	void * calloc(unsigned num,unsigned size)	分配 num 个数据项的内存连续空间,每个数据项的大小为 size	返回分配内存单元的起始地址,如不成功,返回 0,动态空间中初始值自动为 0
free	void free (void * ptr)	释放 ptr 所指内存区	
malloc	void * malloc (unsigned size)	分配 size 字节的内存区	返回所分配的内存区地址,如内存不够,返回 0
realloc	void * realloc (void * ptr,unsigned newsize)	将 ptr 所指的已分配的内存区的大小改为 newsize,size 可以比原来分配的空间大或小	返回指向该内存区的指针,若重新分配失败,返回 0

6.其他常用函数

数　名	函数原型	功　能	说　明
exit	void exit (int status)	调用该函数时程序立即正常终止,清空和关闭任何打开的文件,程序正常退出状态由 status 等于 0 表示,非 0 表明定义实现错误	
rand	int rand()	产生 0 到 RAND_MAX 之间的伪随机数(RAND_MAX 在头文件中定义)	返回一个伪随机(整)数
srand	void srand (unsigned seed)	为函数 rand()生成的伪随机数序列设置起点种子值	

参考文献

[1] 江义火.C语言程序设计[M].大连:大连理工大学出版社,2011.

[2] 谭浩强.C程序设计[M].4版.北京:清华大学出版社,2012.

[3] 顾治华,陈天煌,孙珊珊.C语言程序设计[M].2版.北京:机械工业出版社,2012.

[4] 苏小红,孙志岗,陈惠鹏,等.C语言大学实用教程[M].3版.北京:电子工业出版社,2013.

[5] 李梦阳,张春飞.C语言程序设计[M].上海:上海交通大学出版社,2018.

[6] 李红豫,李青.C程序设计教程[M].5版.北京:清华大学出版社,2018.

[7] 张莉.C程序设计案例教程[M].3版.北京:清华大学出版社,2019.

[8] 柴君.C语言程序设计教程[M].北京:人民邮电出版社,2018.